用于国家职业技能鉴定
YONGYU GUOJIA ZHIYE JINENG JIANDING

国家职业资格培训教程
GUOJIA ZHIYE ZIGE PEIXUN JIAOCHENG

调酒师

（初级）

第2版

U0338277

编审委员会

主　任　刘　康

副主任　张亚男

委　员　杨　真　陈　昕　匡家庆　李永平　陈　蕾
　　　　张　伟

编审人员

主　编　杨　真　陈　昕

编　者　杨　真　陈　昕　匡家庆　李永平　李华佳
　　　　牛长勇　刘　丹　司　伟　韩　珂　张　伟
　　　　张京鹏　菜宏盛　赵　洋　龚威威　李　奋
　　　　莫永杰　李秀娟　王　永　田　彤

主　审　战吉戎

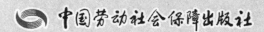
中国劳动社会保障出版社

图书在版编目（CIP）数据

调酒师：初级/中国就业培训技术指导中心组织编写. —2 版. —北京：中国劳动社会保障出版社，2013
国家职业资格培训教程
ISBN 978-7-5167-0237-6

Ⅰ.①调…　Ⅱ.①中…　Ⅲ.①鸡尾酒-配制-技术培训-教材　Ⅳ.①TS972.19

中国版本图书馆 CIP 数据核字（2013）第 047298 号

中国劳动社会保障出版社出版发行
（北京市惠新东街 1 号　邮政编码：100029）
出　版　人：张梦欣

*

三河市华骏印务包装有限公司印刷装订　新华书店经销
787 毫米×1092 毫米　16 开本　11.75 印张　218 千字
2013 年 3 月第 2 版　2021 年 6 月第 6 次印刷
定价：24.00 元

读者服务部电话：（010）64929211/84209101/64921644
营销中心电话：（010）64962347
出版社网址：http://www.class.com.cn

前　言

为推动调酒师职业培训和职业技能鉴定工作的开展，在调酒师从业人员中推行国家职业资格证书制度，中国就业培训技术指导中心在完成《国家职业技能标准·调酒师》（2010年修订）（以下简称《标准》）制定工作的基础上，组织参加《标准》编写和审定的专家及其他有关专家，编写了调酒师国家职业资格培训系列教程（第2版）。

调酒师国家职业资格培训系列教程（第2版）紧贴《标准》要求，内容上体现"以职业活动为导向、以职业能力为核心"的指导思想，突出职业资格培训特色；结构上针对调酒师职业活动领域，按照职业功能模块分级别编写。

调酒师国家职业资格培训系列教程（第2版）共包括《调酒师（基础知识）》《调酒师（初级）》《调酒师（中级）》《调酒师（高级）》《调酒师（技师 高级技师）》5本。《调酒师（基础知识）》内容涵盖《标准》的"基本要求"，是各级别调酒师均需掌握的基础知识；其他各级别教程的章对应于《标准》的"职业功能"，节对应于《标准》的"工作内容"，节中阐述的内容对应于《标准》的"技能要求"和"相关知识"。

本书是调酒师国家职业资格培训系列教程（第2版）中的一本，适用于对初级调酒师的职业资格培训，是国家职业技能鉴定推荐辅导用书，也是初级调酒师职业技能鉴定国家题库命题的直接依据。

本书在编写过程中，得到了北京美酒金樽国际文化发展有限公司的大力支持与帮助，在此表示衷心的感谢。

中国就业培训技术指导中心

目 录

CONTENTS 国家职业资格培训教程

第 1 章

开吧准备

本章主要介绍酒吧开吧前的准备工作，为了保持酒吧有一个良好的经营环境和营业状态，调酒师在开吧之前需要做很多准备工作，在本章节里会循序渐进地逐一讲解。希望初级调酒师通过本章学习能掌握酒吧开吧准备的基本技能，为酒吧开吧做好准备。

第 1 节　个人仪容仪表整理

仪容仪表的整理是开吧工作中非常重要的一个环节，调酒师的着装、容貌和精神面貌不仅仅代表着企业的形象，更会影响客户的消费情绪和对企业的信任度，因此不容忽视。优雅的着装、良好的形象与精神面貌以及精致的修饰都是对调酒师仪容仪表的要求。

 学习目标

➢ 了解仪容仪表的定义

➢ 熟悉调酒师仪容仪表的标准

➢ 掌握岗前理容的要求

➢ 能够根据酒吧职业特点进行岗前理容和着装

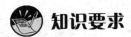 **知识要求**

一、仪容仪表概述

1. 仪容仪表的定义

仪容指的是人的容貌。仪表指人的外表，包括人的容貌、服饰和姿态等方面，是一个人精神面貌的外观体现。

在人际交往中，每个人的仪容仪表都会引起交往对象的首要关注，并将影响到对方对自身的整体评价。

2. 仪容仪表的要求

（1）自然美

自然美是指仪容仪表的先天条件好。先天良好的相貌，无疑会令人赏心悦目，感觉愉快。

（2）修饰美

修饰美是指依照规范与个人条件，对仪容仪表施行必要的修饰，扬其长，避其短，设计、塑造出美好的个人形象，在人际交往中尽量令自身显得有备而来，自尊自爱。修饰仪容的基本规则是美观、整洁、卫生、得体。

（3）内在美

内在美是指通过努力学习，不断提高个人的文化、艺术素养和思想、道德水准，培养出自身高雅的气质与美好的心灵，使自身秀外慧中，表里如一。

真正意义上的仪容美，应当是上述三个方面的高度统一，忽略其中任何一个方面，都会使仪容美失之于偏颇。

3. 仪容仪表的修饰方法

为了维护自我形象，在仪容仪表的修饰方面要注意以下四点：

（1）干净卫生

要勤洗澡、勤洗脸，脖颈、手都要干干净净，并经常注意去除眼角、口角及鼻孔的分泌物。不得蓬头垢面，体味熏人。要常换衣服、勤洗澡，消除身体异味，注意口腔卫生，早晚刷牙，饭后漱口，保持口腔及牙齿的清洁。不能当着宾客面嚼口香糖。指甲要常剪，头发按时理，这是每个人都应当自觉做好的。

（2）整洁

整洁，即整齐、洁净、清爽。坚持做到整洁是树立自我形象的重要手段之一。

（3）简约

仪容仪表的修饰忌讳标新立异，过于繁复的穿着、夸张的饰品、浓烈的妆容及呛人的香水味道都是修饰的败笔。

（4）端庄大方

形象庄重大方，斯文雅气，不仅会给人以美感，而且也会赢得他人对自己的尊重。

4. 仪容仪表的修饰原则

生活中人们的仪容仪表非常重要，它反映出一个人的精神状态和礼仪素养，是人们交往中的"第一形象"。天生丽质的人毕竟是少数，然而我们却可以靠化妆修饰、发式造型、着装佩饰等手段，弥补和掩盖住容貌、形体等方面的不足，并在视觉上把自身较美的方面展露、衬托和强调出来，使形象得以美化。成功的仪容仪表修饰一般应遵循以下原则：

（1）适体性原则

要求仪表修饰与个体自身的性别、年龄、容貌、肤色、身材、体形、个性、气质及职业身份等相适宜和相协调。

（2）时间、地点、场合原则

时间、地点、场合原则（Time、Place、Occasion）简称 T.P.O 原则，即要求仪表的修饰要因时间、地点、场合、目的的变化而有相应变化，使仪表与时间、环境氛围、特定场合相协调。

（3）整体性原则

要求仪表修饰先着眼于人的整体，再考虑各个局部的修饰，促成修饰与人自身的诸多因素之间协调一致，使之浑然一体，营造出整体风采。

（4）适度性原则

要求仪表修饰无论是修饰程度、饰品数量还是修饰技巧，都应把握分寸，自然适度，追求虽刻意雕琢而又不露痕迹的效果。

二、调酒师仪容仪表的标准

1. 调酒师仪容仪表的重要性

作为服务行业，调酒师的仪容仪表尤其重要，具体体现在以下几个方面：

（1）体现行业的整体形象

现代企业都十分重视树立良好的形象，服务行业尤为突出。酒吧形象取决于两个方面：一是提供的产品与服务质量的水平；二是员工的形象，其中尤以调酒师形象为重。调酒师的形象在一定程度上体现了酒吧的服务形象，而服务形象是酒吧文化的第一标志。形象代表档次，档次决定价值，价值产生效益，这是一个连锁反应循环圈。

调酒师工作的特点是直接向宾客提供服务，来自各地的宾客会对调酒师的形象留下很深的印象。宾客对调酒师的"第一印象"是至关重要的，而"第一印象"的产生首先来自于一个人的仪容仪表。良好的仪容仪表会令人产生良好的首映效应，从而对酒吧产生积极的宣传作用，同时还可能因此弥补某些服务设施方面的不足；反之，不好的仪容仪表往往会令人生厌，即使有热情的服务和一流的设施也不一定能给宾客留下良好的印象。因此，良好的仪容仪表是调酒师的一项基本素质。为了向宾客提供优质服务，使宾客满意，调酒师除了应具备良好的职业道德、广博的业务知识和熟练的专业技能之外，还要讲究礼节礼貌，注意自身的仪容仪表。

（2）有利于维护自尊自爱

爱美之心人皆有之。每一名调酒师都有尊重自我的需要，也想获得他人的关注与尊重。作为一名调酒师，只有注重仪容仪表，从个人形象上反映出良好的修养与蓬勃向上的朝气，才有可能受到宾客的称赞和尊重，才会对自身良好的仪容仪表感到自豪和自信。

（3）体现出满足宾客的需要

注重仪容仪表是尊重宾客的需要，是讲究礼节礼貌的具体表现。在整个酒吧活动过程中，宾客都在追求一种比日常生活更高标准的享受，这里面包含着美的享受。

调酒师的仪容仪表美在服务中是礼貌和尊重，能够引起宾客强烈的感情体验，在形式和内容上都能打动宾客，使宾客满足视觉美的需要。同时，宾客被这种外观整洁、端庄、大方的调酒师服务，感到自身的身份地位得到应有的承认，求尊重的心理也会获得满足。

（4）有利于拉近人与人之间的距离

一个人的仪容仪表在人际交往中会被对方直接感受，并由此而反映出个性、修养以及工作作风、生活态度等最直接的个人信息，将决定对方的心理接受程度，继而影响进一步沟通与交往。因此，从某种意义上讲，仪容仪表是成功的人际交往的"通行证"，在一定程度上满足了人的爱美、求美的共同心理需求。

调酒师整齐、得体的仪容仪表，以其特殊的魅力在一开始就给人留下美好的印象，常常会使人形成一种特别的心理定势和情绪导向，无论在工作还是生活中，都会产生良好的社会效果。

（5）反映企业的管理水平和服务质量

一个管理良好的企业，必然在其员工的仪容仪表和精神风貌上有所体现。著名的希尔顿饭店董事长唐纳·希尔顿所提倡的"微笑服务"就是一条管理酒店的法则。泰国东方大酒店，曾两次被评为"世界十大饭店"之首，其成功的秘诀就在于把"笑容可掬"作为一项迎宾规范，从而给光临该店的游客留下美好的印象和回忆。

由此可见，仪容仪表是服务性企业一个不可忽视的重要因素，仪容仪表是反映酒店管理水平和服务水平的重要组成部分。调酒师的仪容仪表反映出一个酒吧的管理水平和服务水平，同时也是定位酒吧档次的重要参考依据之一。在当今市场竞争激烈的条件下，酒吧的设备设施等硬件已大为改善，日趋完美。这样，作为软件的调酒师的素质对服务水平的影响就很大了。而调酒师的仪容仪表在一定程度上反映了调酒师的素质。

2. 调酒师仪容仪表的要求

对于调酒师的仪容仪表要求，不仅要做到干净利落，更能充分展示健康、积极的企业形象；同时，要求符合行业特点，便于工作。需要注意的是，过于个性化的形象不适宜调酒师，调酒师需要面对各种各样的客户，因此无论妆容、造型还是着装都不应超出大众审美的范畴。其具体要求是：

（1）规范化、制度化

这一条主要是针对管理者而言，管理者应按下属的工作性质，对其穿着打扮、仪容仪表等均作出相应的规定，形成法则，使下属有章可循。正所谓"无规矩不成方圆"。

（2）整体性

仪表仪容必须符合整体性原则的要求，即仪容仪表要和其他的言谈、举止，以至修养等相联系、相适应，融为一体。不注意整体的和谐统一，就不可能使人有真正美的感受。

（3）统一性

仪容仪表要产生魅力，还在于注重外在美和内在美，即仪表与心灵美的统一，"秀外慧中"就是这个意思，与此相反，就是"金玉其外，败絮其中"，只能使人厌恶，不能产生魅力。

仪容仪表应该是一个人精神面貌的外在表现，其总体要求基本上可以概括为48 个字：容貌端正，举止大方；端庄稳重，不卑不亢；态度和蔼，待人诚恳；服饰庄重，整洁挺括；打扮得体，淡妆素抹；训练有素，言行恰当。

（4）勤于检查

很多酒吧对员工的仪容仪表制定了一整套规章制度，做到了"有法可依"。而接下来的关键就是能不能严格执行，有没有勤于督促和检查，真正做到"有法必依"。

三、调酒师岗前理容的要求（见图1—1、图1—2）

男调酒师仪容仪表　　　　　**女调酒师仪容仪表**

图1—1　男调酒师仪容仪表　　　　图1—2　女调酒师仪容仪表

上岗前调酒师的自我"包装"是必修课之一，清爽、整洁的形象不仅可以给宾客留下良好的印象，树立良好的企业形象，更有助于调整工作情绪，以饱满的精神对待工作。

调酒师的仪容仪表应做到清洁整齐、朴实庄重、干练利索，以达到内正其心、外正其容的地步。

调酒师每天都会与宾客面对面接触，仪容仪表不仅反映着个人的精神风貌、个人素质修养、审美观等，还体现着酒吧的风格，影响着酒吧的形象。

岗前理容包括以下几个方面的内容：

1. 发式

头发梳理得体、整洁、干净，不仅反映了良好的个人面貌，也是对人的一种礼貌。调酒师的发式礼仪规范要求是：

（1）头发整洁，无异味

要经常理发、洗发和梳理，以保持头发整洁，没有头屑。理完发要将洒落在身上的碎头发等清理干净，并使用清香型发胶，以保持头发整洁，不蓬散，没有异味。

（2）发型大方，得体

男调酒师头发长度要适宜，前不及眉，旁不遮耳，后不及领，不能留长发、胡须刮干净，不能蓄须，鬓角不能超过上耳际。

女调酒师上岗应盘发，不梳披肩发，头发也不可盖眉，不留怪异的新潮发型，因为过分地强调新潮和前卫，会让宾客产生一种隔阂和距离，甚至避而远之。另外，女调酒师刘海不要及眉，头发过肩要用发网式发卡扎起来，头饰以深色小型为好，不可夸张耀眼。

（3）发色天然

调酒师染发颜色不应过于艳丽，夸张的色彩不仅不符合大众的审美标准，也不适合黄种人肤色，因此保持自身天然的发色是最佳的方法。

2. 面部

（1）整体

始终保持干净，无污渍、无油光、无秽物，秽物包括眼屎、鼻屎或者嘴边饭后油渍等。

（2）眉眼

不戴变色眼镜、墨镜。佩戴隐形眼镜时，不可选择除黑或棕以外的颜色，花纹不可夸张。眉毛要适度修剪，做到纹路清晰，浓淡适中。

（3）鼻子

鼻毛不能过长，可以用小剪刀剪短，不能用手拔。为了保持鼻腔的清洁，勤清理秽物，但不要用手去挖鼻孔。经常挖鼻孔，会弄掉鼻毛，损伤鼻黏膜，甚至使鼻子变形，鼻孔变大。

（4）口腔

清洁牙齿，保洁口腔，禁止发出异响，不吃异味或使口腔染色的食品。

（5）修饰

男调酒师每日必须刮净胡须，不允许化妆；女调酒师应以浅妆、淡妆为宜，化妆不宜夸张，不可涂深色或冷色调的口红和过于厚重的眼影。不宜佩戴过于耀眼且造型夸张的耳饰，如果佩戴耳钉，一对即可，不可佩戴过多。

3. 手

要经常修剪和洗刷指甲。不能留长指甲，指甲的长度不应超过手指指尖；要保持指甲的清洁，指甲缝中不能留有污垢。另外，绝对不能涂指甲油。手臂部外露部分要干净、整洁，不可有纹身，明显伤疤、伤口或包扎带。

4. 体毛

着装后露出来的皮肤如果体毛过重应剔除。除头部毛发外，后发际过长的部分也要修理。后发际不可过衬衫后领的上领际。

5. 个人卫生

做到勤洗澡，勤换衣袜，勤漱口，保持牙齿口腔清洁，身上不能留有异味。

6. 关于化妆（多适用于女调酒师）

面容化妆的目的在于使人的精神面貌有焕然一新之感，适度的化妆也是对宾客尊重的一种礼貌表现。

（1）"化妆上岗"原则

这一基本要求被归纳为"化妆上岗，淡妆上岗"。所谓"化妆上岗"，即要求调酒师在上岗之前，应当根据岗位及接待礼仪的要求进行化妆。所谓"淡妆上岗"，则是要求调酒师在上岗之前的个人化妆应以淡雅为主要风格。

（2）"扬长避短"原则

调酒师应当明确化妆的目的和作用：扬长避短、讲究和谐、强调自然美。面容化妆要根据自身的工作性质、面容特征来化妆。一定要讲究得体和谐，一味地浓妆艳抹、矫揉造作，会令人生厌。

要使化妆符合审美的原则，应注意以下几点：

1）讲究色彩的合理搭配。色彩要求鲜明、丰富、和谐统一，给人以美的享受。要根据自身的面部肤色，选择化妆品。女士一般希望面部白一点，但不可化妆以后改变肤色，应与自身原有肤色恰当的结合，才会显得自然、协调。因此，最好选择接近或略深于自身肤色的颜色，这样较符合当今人们追求的自然美。

2）依据自身的脸型合理调配。如脸宽者，色彩可集中一些，描眉，画眼，涂口红、腮红都尽量集中在中间，以起到收拢的效果，使脸型显得好看。眼皮薄者，眼线描浓些会显得眼皮厚；描深些会显得更有精神。涂抹胭脂时，脸型长者宜横涂；脸型宽者宜直涂；瓜子形脸则应以面颊中偏上处为重点，然后向四周散开。

3）强调自然美。如眉毛天然整齐细长，浓淡适中，化妆时可以不描眉；脸型和眼睛形状较好的可不画眼。如果有一双又黑又亮的大眼睛和长长的睫毛，就没有必要对眼睛去大加修饰，因为自然自有一种魅力。

（3）"3W" 原则

When 指什么时间，Where 指什么场合，What 指做什么。不同场合画不同的妆容，是得体形象的定位和诠释。

现今的社交礼仪中，化妆是一个基本的礼貌，素面朝天并不会给人以好感，尤其在生病、熬夜、身体不适等情况下，素面往往只会真实表现调酒师的憔悴，精致妆容方显调酒师的美丽和对对方的重视和尊重。但是不分场合的浓妆也是不礼貌的，比如正式商洽签约场合时画前卫冷傲的妆容，会给人傲慢无礼和轻浮的印象；而在聚会中不施亮彩，妆淡得近于简朴，则又有缺少热情、不合群、孤傲藐视之嫌。

妆容对于大多数女性来讲，可以分为"基础妆"和"时尚妆"两种，基础化妆是比较正统的、原则性的，适宜于一些隆重的场合，突出个人的身份和格调。时尚的化妆则是具备现代气息的，一方面前卫醒目，另一方面也带有个人冒险的性质，是纯粹享受化妆乐趣的选择。故而不同场合应有相称的妆容，才能显示调酒师的教养和礼貌，为调酒师的仪态加分。

化妆的浓淡并不是随意的，而是要根据不同的时间、季节和场合来选择。如白天工作时间，一般以淡妆为宜。如果白天也浓妆艳抹、香气四溢，难免给人的印象欠佳。而夜晚的娱乐时间，如舞会、聚会，不论浓妆还是淡抹都是比较适宜的。

（4）讲究科学性原则

1）科学选择化妆品。化妆品一般可分为美容、润肤、芳香和美发四大类，它们各有特点和功用，化妆时必须正确合理地选择和使用，避免有害化妆品的危害。对待任何一种化妆品，都要先了解其成分、特点、功效，然后根据自身皮肤的特点合理选择试用。经过一段时间后，把选用的化妆品相对固定。这样做既起到美容的作用，又避免了化妆品对皮肤的伤害，以求自然美和修饰美的完美统一。

2）讲究科学的化妆技法。在化妆时，若技法出现了明显的差错，将会暴露出自身在美容素质方面的不足。因此，酒店员工应熟悉化妆之道，不可贸然化妆。

（5）专用原则

即不可随意使用他人的化妆品。一是每个女人的化妆盒都具有隐私性，随便使用她人的化妆品便是侵犯别人的私人空间，是非常不礼貌的。二是出于健康考虑，随意使用她人的化妆品是非常不卫生的，极易造成流行性皮炎。

（6）"修饰避人"的原则

即不在公共场合化妆和补妆。在公共场合，尤其是在工作岗位上，化妆是极为失礼的。这样做既不尊重别人，也不尊重自身，给人以轻佻、浮夸的感觉，层次不高，毫无修养可言，从而影响个人形象。

（7）不以残妆示人

残妆指由于出汗、休息或用餐而使妆容出现残缺。长时间的脸部残妆会给人懒散、邋遢之感。所以，在上班前调酒师不但要注意坚持化妆，而且要注意及时地进行检查和后台补妆。

7. 配饰

（1）戒指、手链和手镯

不宜佩戴，以防丢失、磨损和不必要的误会（结婚戒指除外）。

（2）项链

佩戴的项链必须贴身戴于制服里边。

（3）手表

可佩戴一块样式简单、外观简洁的手表。不允许佩戴潜水表、彩色表带手表。

8. 工作服

（1）款式要求

除裁剪合体外，必须适于调酒师的工作。调酒师经常接触酒水、调酒用具和水，因此袖子不宜过长，不应影响到工作；另外面料应该舒适透气，平整且有一定弹性，尤其肩肘处，以免影响工作操作。大多数酒吧调酒师的工作服都是衬衫加马甲，这样既显得干练高雅，比起西装来也更便于工作。女性调酒师如果是裙装，不宜过短，以及膝为宜；工作服颜色应当简单，切忌过于花俏，且要与酒吧风格协调统一。通常要穿着皮鞋，皮鞋款式要简洁大方、设计简单、穿着舒适，颜色以黑色为宜，女鞋鞋跟不宜过高过细。

（2）保养要求

工作服一旦破损要及时到工服房修补、更换。具体保养要求包括：

1）衬衫。每天都要清洗、熨烫，保持平整和洁净，注意衬衫领口、袖口的卫生。

2）领结和领带。每天需将其戴正，同时保证平整。

3）马甲。定期清洗、熨烫。

4）裤子。经常换洗，保持笔挺，裤线清晰。

5）工鞋。鞋面保持光洁，每天打油、擦亮。

（3）穿着要求

1）正确着装，工作服的纽扣要扣好，拉链应拉紧。

2）衬衣下摆应放入裙内或裤内，不可挽起袖口或裤腿。

3）在工作服外面不要再穿着其他衣服或者佩戴饰物。

（4）其他配饰要求

1）应保持胸牌佩戴端正，字迹清晰。

2）领带、领花应扣紧并佩戴整齐。

3）着西装的员工，文具不可插在外面的口袋内；口袋内不可装过多的东西。

4）男性宜穿和黑色皮鞋相配的深色袜子；女性宜穿黑色或者肉色的丝袜。

为了保证调酒师的仪容仪表要求，岗前应进行全面检查，填写检查表（见表1—1），并作为考核评估项目之一。

表 1—1　　　　　　　　　　　岗前仪容仪表检查表　　　　　　酒吧：_____　姓名：_____

序号	检 查 细 则	等级	
		合格	不合格
1	是否按规定着装并穿戴整齐		
2	工作服是否合体、清洁，有无破损和油污		
3	名牌号是否端正地挂于胸前		
4	打扮是否过分		
5	是否留有怪异发型		
6	男性是否留有胡须、大鬓角		
7	女性是否长发披肩		
8	工作服是否笔挺、有无污渍或皱折		
9	指甲是否修剪整齐、是否涂有指甲油		
10	牙齿是否清洁		
11	口中是否有异味		
12	衣裤口袋中是否有杂物		
13	女性发夹是否过于花哨		
14	手腕上除了手表外，是否还带有其他饰品		
15	是否浓妆艳抹		
16	使用香水是否过分		
17	衬衫领口是否干净并扣好		
18	男性是否穿深色鞋袜		
19	女性穿裙子时是否穿肉色长袜，丝袜是否有勾丝破损		

 **技能要求**

一、能够根据酒吧职业特点进行岗前理容

1. 男调酒师岗前理容

（1）操作准备

护肤品、吹风机、啫喱水或摩斯、梳子。

（2）操作步骤

1）清洁身体。通常上岗前要洗澡、洗头，彻底清洁身体，然后擦干。

由于行业特点，调酒师应特别注意自身的个人卫生，要勤洗澡、勤更换内衣裤，保持身体清洁卫生、无异味。

由于户外的粉尘污染，所以最好在岗前洗澡，还应该刷牙，做彻底清洁。

清洁用品不能选择劣质的，会造成头发干枯，皮肤瘙痒，尤其面部清洁应使用适合自身肤质的洗面奶或洁面皂，以免面部出现油光。

2）基础修饰

①用干净的毛巾轻轻拭干身体，穿上内衣。

②剃须。常用的剃须工具有手动剃须刀和电动剃须刀两种。

a. 手动剃须刀的具体使用方法是：用水拍打嘴部周围，将剃须摩斯涂在剃须周围；用剃须刀从一侧开始逆着胡须生长方向轻刮，动作轻柔、缓慢、有序，将全部剃须摩斯刮净；用清水清洗面部剩余的摩斯；擦干水分后，轻轻拍打上须后水；冲洗剃须刀后擦干，收拾好剃须用品。

b. 电动剃须刀的具体使用方法是：保持面部干爽洁净，打开剃须刀开关，从一侧开始用打圈的手法剃须，打圈要小，动作轻柔、缓慢、渐进；将全部蓄须部位都清理后，对镜检查是否有未除尽的地方，着重处理；完成后，将电动剃须刀清理干净，轻拍上须后水即可。

剃须前可以适当热敷蓄须处，以便毛孔张开剃须干净；须后水的使用很有必要，避免剃须后皮肤干燥粗糙。

3）基础护肤。随着生活品质的提高，不仅女性应该注重保养自身的皮肤，男性也越来越关注个人形象，作为窗口行业的调酒师尤其如此。具体护肤步骤如下：

①使用适合自身肤质的爽肤水或者乳液涂抹于面部，用量以均匀涂抹整个面部后无剩余为宜，轻轻拍打使皮肤充分吸收。干燥季节或者皮肤干燥者，也应涂抹身体乳液，避免裸露的皮肤干燥起皮或者瘙痒。

②待爽肤水或者乳液充分吸收后，涂抹面霜，用量以均匀涂抹整个面部后无剩余为宜，轻轻拍打使皮肤充分吸收。

4）重点修饰。在仪表上，细节是体现个人素质的关键。要想展现最佳的风貌，理容中的细节不可忽视。具体情况有以下几种：

①长痘皮肤的处理。注意使用治痘专用的洗面奶和洁肤皂；爽肤水和乳液应该

选用质地轻薄的；使用祛痘霜点在痘上并轻轻按开。切勿挤压、弄破导致感染或留下痘疤，同时注意多食用清淡食品，忌烟酒，作息正常，使痘尽快消除。

②皮肤起皮干裂。如果正常护肤不能解决皮肤干燥问题，可使用保湿效果更好的含有凡士林的护肤霜或者甘油，但是用量切忌过多以免出油。

③鼻毛。被别人看到鼻毛是很失礼的表现，可以使用修剪鼻毛专用的小剪刀修剪，修剪之后要记得将掉落的毛茬擦掉，清洁用具和洗手。

④眉毛。男性的眉毛大多粗重杂乱，因此修饰眉毛与女性不同，不需要太精致，只要修剪得不杂乱就好。最好使用镊子，一根根拔出，修剪完毕之后可以用酒精棉轻轻擦拭消炎，最后将毛茬擦掉。

5）整理发型。发型的整理分为以下几个步骤：

①将头发用毛巾尽量擦干。

②用吹风机开到最大风，吹干。

③待半干时，将头发理顺。稍长的头发应使用梳子。

④将吹风机开到小风边吹边给头发塑型，切忌凌乱无序的整理，尤其注意额头上的头发不要遮挡眼睛。

⑤用啫喱水或摩斯将头发定型，尤其鬓角要服贴，额前头发要固定。切记不要用量过多，并记得洗干净手上的啫喱水或摩斯。

（3）特别提示

男性调酒师要求形象健康、优雅、大方。邋遢和不拘小节是男性调酒师的大忌，但是过度的修饰也不见得理想，只要做到清爽干净就可以了。

2. 女调酒师岗前理容

（1）操作准备

护肤品、化妆品、吹风机、啫喱水或摩斯、梳子。

（2）操作步骤

1）清洁身体。女性调酒师不仅要身体清洁，也应该卸掉平日的妆容，重新上妆。卸妆时，建议使用专业卸妆水或者卸妆油，并做彻底清洁。日常妆与工作妆容有很大的区别，不应一妆多用。

2）基础护肤。具体护肤的具体步骤如下：

①用干净的毛巾轻轻拭干身体，穿上内衣。

②使用适合自身肤质的爽肤水或者乳液涂抹于面部，用量以均匀涂抹整个面部后无剩余为宜，轻轻拍打使皮肤充分吸收。同时，涂抹身体乳液，避免裸露的皮肤干燥起皮或者瘙痒。

③待爽肤水或者乳液充分吸收后，涂抹眼霜和面霜，并轻轻拍打使皮肤充分吸收。在使用面霜前可以加用精华。

3）重点修饰。除与男性调酒师同样处理外，还应该做到以下几点：

①眉毛。女性眉毛的修饰应该比男性更加精致。首先，按照眼形和眉毛本来的形状，用眉毛刀刮掉周边多余的杂毛，动作轻柔缓慢，切勿急躁，注意不要修剪得过细，另外弧度过大或者过平的眉形也不理想，眉角上翘、眉峰角度过小也是败笔，待大致眉形修出来后，换小镊子进行精致修剪；对于眉毛过长者，可以用小剪刀和眉毛梳子轻轻剪短；修剪完毕之后可以用酒精棉轻轻擦拭消炎；最后将毛茬擦掉。

②黑头。可以使用鼻贴清理黑头，清理过后记得要拍上爽肤水。

4）妆前处理。上妆前，应确保面部清爽干净，无多余水渍、汗渍；轻轻涂抹一层妆前乳液于面部，以便妆容更加服贴持久。

5）化妆。按照不同的化妆工具及程序分为以下几个步骤：

①粉底液。选用适合自身的粉底液是非常关键的。粉底液并非越白越好，应该选择最贴近自身肤色的，否则不仅不能变白，妆容还会不服贴，很不自然。具体方法如下：

a. 粉底液用量要适量。在脸颊、额头、鼻头和下巴各点一点儿粉底液，然后用手指或者粉扑一点点晕开抹匀。

b. 如果有黑眼圈或者两颊肤色过暗者，再取一点儿粉底液点于该处，着重遮盖。如果有痘印，也做同样方法处理。

②遮瑕笔。如果粉底液无法将脸部的瑕疵完全遮盖，则需要使用遮瑕笔再次修饰。用遮瑕笔轻点修饰处几下，然后用手指轻轻按压晕开。

③粉底。使用粉状粉底，用面扑轻沾粉底，自眼下开始轻轻点按，渐渐移动直至全脸，尤其眼角、鼻翼等容易遗漏的部位。切忌不要涂抹过厚。

粉底液与粉底虽然同样用于均匀肤色、遮盖瑕疵，但是由于质地的不同，建议先用粉底液后用粉底，这样既能充分发挥其功效，同时又能避免膏状粉底液带来的满面油光的结果。

④眉毛。用眉笔自眉尖开始轻描，缓缓拉伸，随着眉形渐渐画至眉峰最高处；从眉峰处用同样手法描画后半段。需要注意的是，要尽量与眉毛的生长走向保持一致，这样画出来的眉毛很自然；另外颜色宜淡，切忌画出过细或者过粗、过重的眉毛。

除了眉笔还可以使用眉粉描画眉毛，效果更加自然。也有使用睫毛膏通过加重眉毛的色泽来画眉的，效果也不错。

　　⑤眼线。使用眼线笔或者眼线液，紧贴睫毛生长处由内向外勾画眼线，下眼线不要勾勒整只眼睛，从一半开始画至眼角即可。上眼线和下眼线最后要在眼角处合并，并微微上翘。

　　眼线切忌线条过粗、眼形不符或者眼角处拖拉过长。当然，也可以适当修饰，比如单眼皮小眼睛的女性可以适当加粗线条；两眼间距太近者可以适当拉伸眼角线条。

　　⑥眼影。眼影的颜色挑选很重要，首先不能选择过于艳丽或者另类的颜色，比如亮蓝、翠绿或者大红色等，金黄色或者亮银色等带反光的也是忌讳。另外，要挑选适合自身肤色的颜色，比如肤色偏黑的，避免使用暖色系，如橘色；肤色偏黄的，不要使用黄色或者绿色。具体步骤如下：

　　a. 上色时，要用眼影刷轻沾眼影，从眼角开始缓慢轻刷。动作幅度要小，沾粉量要小，以免画错了之后不好更改。注意不要涂抹面积过大，比眼线宽出 1～2 毫米为宜。

　　b. 选择同色系中浅一色度的眼影，继续沿外侧描画，宽度直至眼窝为止。涂抹原则是颜色自眼皮向上越来越淡为宜。

　　c. 下眼睑从眼尾开始反向轻刷至眼线截止处为止，眼尾的上下眼皮眼影要颜色统一且连于一处。

　　d. 选择亮白色眼影或者高光粉轻刷于眉峰处，使眼部显得更加立体。

　　⑦睫毛夹。从睫毛根部开始夹住睫毛，手腕轻轻上翻，松开睫毛夹，移至睫毛 1/2 处，重复动作；再移至 1/3 处最后重复一遍动作。

　　⑧睫毛膏。选择黑色的睫毛膏，从睫毛根部开始刷至睫毛尖，反复涂刷，保证每根睫毛都均匀沾上睫毛膏为止，切忌涂抹过多导致睫毛粘连。下眼睫毛用同样方法涂刷，但是要更加仔细，避免涂在皮肤上。如果沾染了皮肤，用棉签轻轻拭去。

　　⑨腮红。腮红颜色要与眼影颜色协调且颜色不宜过重，如眼影是深蓝色系，则可以选择淡红色腮红；如果眼影是紫色系，则可以选择粉色腮红。用腮红刷轻沾腮红粉，在内手腕上刷两下，刷掉过多的粉后，从眼尾下方眼眶处开始向斜下方轻扫数遍，直至两颊腮红颜色自然为止。

　　⑩散粉。用最大号的刷子轻沾散粉，从脸颊开始大面积大动作轻扫整个面部，在鼻梁、下巴和额头处重点反复轻扫，这样是为了突出线条，使脸部显得立体。最后，轻抖刷子，抖掉余下散粉后，再轻刷一边整个面部以刷掉过量散粉。

　　⑪口红。具体步骤如下：

a. 使用润唇膏轻涂唇部，润唇膏可以滋润唇部肌肤，同时隔离唇膏与唇部肌肤，以免色素对唇部肌肤的伤害。另外，可使唇膏颜色更加自然贴服。

b. 唇膏颜色的选择依然要遵循和谐原则，要与眼影和腮红的颜色协调，最简单的做法就是腮红和唇膏颜色一致。另外，不要使用颜色过于暗淡或者太另类的颜色，比如黑色、棕色、浅粉等。

c. 将唇膏自上嘴角开始慢慢涂满整个上唇，注意唇峰处不要画出来；用同样手法涂画下唇，最后轻抿双唇使上下颜色一致，同时晕开颜色显得更加自然。

d. 如果画出唇外，可以用棉签或者纸巾轻轻拭去。

e. 取张干纸巾用唇抿住沾去过多的唇膏，这样颜色自然会更加柔和。

6）整理发型。具体步骤如下：

①将头发用毛巾尽量擦干。

②用吹风机开到最大风，吹干。

③半干时，使用梳子将头发理顺。

④将吹风机开到小风边吹边给头发塑型，切忌凌乱无序的整理，尤其注意额头上的头发不要遮挡眼睛。

⑤长头发吹干后应用梳子梳顺后扎起，然后盘于脑后，用卡子将头发固定。

⑥扎上头花，整理发髻。

⑦用啫喱水或摩斯将散碎头发定型，尤其鬓角要服贴，额前头发不要遮挡眼睛。切忌不要用量过多，并记得洗干净手上的啫喱水或摩斯。

7）佩戴饰物。饰物不宜佩戴过多，比如佩戴耳钉就不要再佩戴项链。尤其注意不要佩戴镯子和手链，因为会妨碍工作。手表应该尽量戴紧，固定在手腕上，切忌表链过松工作时晃动。

（3）特别提示

女性调酒师的岗前修饰需要更加精心，不仅干净清爽更要精致优雅。但是切忌太过艳丽妖娆，尤其脸部修饰要使线条柔和、亲和力强。

二、能够按照酒吧职业要求进行着装

1. 男性调酒师的职业着装

（1）操作准备

工服、工鞋、袜子、工牌。

（2）操作步骤

1）衬衫。衬衫扣子系好，包括领口和袖口。系好后，适度抻拉下摆和袖口，使衬衫平整。

2）裤子。裤子拉链拉紧，将衬衫下摆放入裤子中用皮带束紧。

3）袜子。袜子应选择黑色，质地柔软、吸汗的纯棉袜子最好，保证袜子无异味。

4）工鞋。先擦拭工鞋上的尘土，再用鞋油将工鞋打亮，最后用干布擦拭。穿工鞋要完全将后跟提起，不可踩后跟。

5）马甲。马甲纽扣系好，抻拉下摆使衣服平整。

6）工牌和领结（领带）。工牌应该佩戴在胸口左侧靠上方，佩戴端正，不要遮挡。

领结应该位置端正，不能歪斜。

领带的系法有很多种，如平结、双环结、交叉结、双交叉结、温莎结、亚伯特王子结、简式结、浪漫结、半温莎结、四手结等，其中温莎结、简式结和四手结是最常用的打法。现列举如下：

①平结（见图1—3）。平结是男士们选用最多的领带打法之一，几乎适用于各种材质的领带。完成后领带呈斜三角形，适合窄领衬衫。

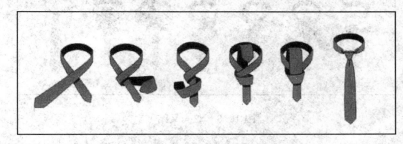

图1—3 平结

②双环结（见图1—4）。一条质地细致的领带再搭配上双环结颇能营造时尚感，适合年轻的上班族选用。

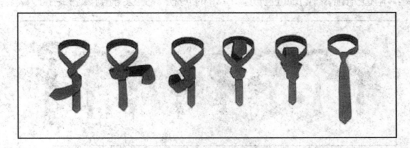

图1—4 双环结

③交叉结（见图1—5）。交叉结的特点在于打出的结有一道分割线，适用于颜色素雅且质地较薄的领带，感觉非常时髦。

图1—5 交叉结

④双交叉结（见图1—6）。双交叉结很容易映衬高雅且隆重的气氛，适合正式活动场合选用。该领带打法应多运用在素色且丝质领带上，适合搭配大翻领的衬衫，有种尊贵感。

要诀：宽边从第一圈与第二圈之间穿出，完成的集结充实饱满。

图1—6 双交叉结

⑤温莎结（见图1—7）。温莎结是因温莎公爵而得名的领带结，是最正统的领带打法。打出的结呈正三角形，饱满有力，适合搭配宽领衬衫。应避免材质过厚的领带，领带结也勿打得过大。

要诀：宽边先预留较长的空间，绕带时的松、紧会影响领带结的大小。

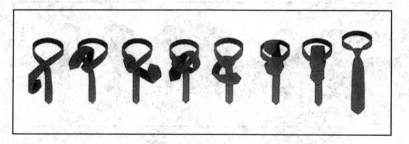

图1—7 温莎结

⑥亚伯特王子结（见图1—8）

亚伯特王子结适用于浪漫扣领及尖领系列衬衫，搭配质料柔软的细款领带。

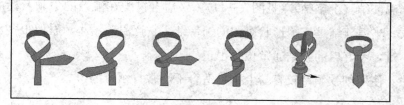

图1—8　亚伯特王子结

⑦简式结（马车夫结）（见图1—9）。适用于质地较厚的领带，最适合打在标准式及扣式领口衬衫上。简单易打，非常适合在商务旅行时使用。其特点在于先将宽端以180度由上往下扭转，并将折叠处隐藏于后方完成打结。这种领带结非常紧，流行于18世纪末的英国马夫中。待完成后可再调整其领带长度，在外出整装时方便快捷。

要诀：常见的马车夫结在所有领带的打法中最为简单，尤其适合厚面料的领带，不会造成领带结过于臃肿累赘。

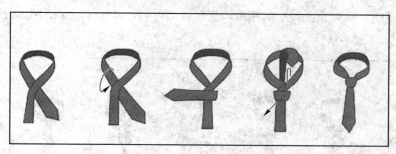

图1—9　简式结（马车夫结）

⑧浪漫结（见图1—10）。浪漫结能够靠褶皱的调整自由放大或缩小，而剩余部分的长度也能根据实际需要任意掌控。浪漫结的领带结形状匀称、领带线条顺直优美，容易给人留下整洁严谨的良好印象。

要诀：领结下方的宽边压以皱褶可缩小其结型，窄边也可往左右移动使其小部分出现于宽边领带旁。

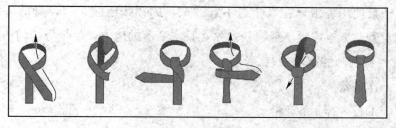

图1—10　浪漫结

⑨半温莎结（十字结）（见图1—11）。最适合搭配在浪漫的尖领及标准式领口系列衬衣。半温莎结是一个形状对称的领带结，它比温莎结小。看似很多步骤，做起来却不难，系好后的领结通常位置很正。

要诀：使用细款领带较容易上手，适合不经常打领带的人。

图1—11　半温莎结（十字结）

⑩四手结（见图1—12）。四手结是所有领结中最容易上手的，适用于各种款式的浪漫系列衬衫及领带。通过四个步骤就能完成打结，故名为"四手结"。它是最便捷的领带系法，适合宽度较窄的领带，搭配窄领衬衫，风格休闲，适用于普通场合。

要诀：类似平结。

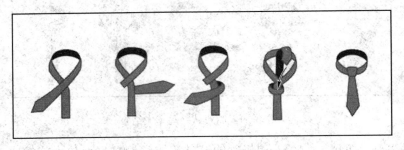

图1—12　四手结

7）修饰。清理兜里的物品，不要放置过多物品在身上，皮带上不可挂任何物品，包括钥匙、手机等。上衣胸前兜里不能放置任何物品，最后在理容镜前检查着装。

可以适量使用香水，香水味道不宜过重，选择味道应符合自身的年龄。喷洒时，可以对着前方空中喷洒后，快速站在香水洒落的地方，使全身均匀沾染香气。

2. 女性调酒师的职业着装

（1）操作准备

工服、工鞋、袜子、工牌。

（2）操作步骤

1）丝袜。将手指慢慢伸入袜腿直至底部，套在脚上缓慢向上提拉。穿着丝袜动作一定要轻，以免拉破。袜子应充分上提，切忌裆部错位或者袜子与腿部皮肤不服贴。最后检查下袜子有无跳丝。

2）衬衫。衬衫扣子系好，包括领口和袖口。系好后，适度抻拉下摆和袖口，使衬衫平整。

3）裙子。裙子拉链拉紧，将衬衫下摆放入裤子中用皮带束紧。

4）工鞋。先擦拭工鞋上的尘土，再用鞋油将工鞋打亮，最后用干布擦拭。穿工鞋要完全将后跟提起，不可踩后跟。

5）马甲。马甲纽扣系好，抻拉下摆使衣服平整。

6）工牌和领结。工牌应该佩戴在胸口左侧靠上方，佩戴端正，不要遮挡。

7）修饰。清理兜里的物品，不要放置过多物品在身上，皮带上不可挂任何物品，包括钥匙、手机等。上衣胸前兜里不能放置任何物品，最后在理容镜前检查着装。

可以适量使用香水，香水味道不宜过重，选择味道应符合自身的年龄。喷洒时，可以对着前方空中喷洒后，快速站入香水洒落的地方，使全身均匀沾染香气。

3. 注意事项

工作服不宜折叠放置，应使用衣架挂置，以防褶皱。

第 2 节　酒吧工作环境检查

酒吧内部会有很多设备设施，用以保证酒吧的正常运转和人员安全。设备设施的检查和维护是调酒师一项必要的工作，因此掌握基础的检查和维护的常识是一项必备技能。同时，需要注意的是，由于这项工作有很强的专业性，切忌调酒师擅自拆卸或者鲁莽操作，以免操作不当造成设备损坏甚至造成人身伤害。

学习目标

➤ 了解酒吧设备设施的内容

➤ 掌握酒吧设备设施的使用及保养方法

➤ 能够检查酒吧各种设备

 **知识要求**

一、酒吧设备设施的内容

1. 酒吧设备设施的定义

酒吧设备设施是指安装在酒吧，支持酒吧正常营业的陈设仪器的总称。酒吧的设备设施是维持酒吧正常运营必不可少的硬件设施，保证设备设施的正常运行，定期对设备设施进行维护是支持酒吧运营的有效手段之一。因此，了解设备内容、功效、使用方法及维护手段是调酒师必须掌握的内容。

2. 酒吧设备设施的范围

酒吧设备设施包括通风、消防系统，音响系统，制冷设备，上、下水设备，照明系统等。

二、酒吧设备设施的使用

1. 通风、消防系统的使用

任何场所都必须有保障安全的设备，作为人流频繁的服务性场所对安全设备尤其要重视，并且要有严密的管理制度。如果基本的安全都无法保证，那么良好的服务就更加无从谈起了。

通风、消防系统分为通风、消防两个部分。

（1）通风系统的使用

通风是指借助换气稀释或通风排除等手段，控制空气污染物的传播与危害，实现室内外空气环境质量保障的一种建筑环境控制技术。通风系统就是实现通风这一功能，包括进风口、排风口、送风管道、风机、过滤器、控制系统以及其他附属设备在内的一整套装置。

通风系统在建筑之初就已经设计建造完毕，因此仅需要调酒师了解如何使用开关即可。通风系统通常会有开关两个按键，开吧时需要打开通风，结束营业时关闭即可。另外，开关上还会有高、中、低三个按键选择，是用来控制风速的，可以根据当时的季节气候进行调节，以适宜人体为宜。

（2）消防系统的使用

消防系统主要有室内外消火栓系统与水喷淋系统，根据建筑性质、面积、建筑高度与建筑用途等，规定了设置场所、设置要求等规定。其系统主要由消火栓系统、自动喷水灭火系统、防排烟系统、消防专用电话、火灾应急照明与疏散指示、消防应急广播与火灾警报装置、火灾自动报警和消防设施联动控制系统组成。其中灭火器、消防栓及手动报警器是调酒师可能接触到的消防设备,其他设备则需要专业人员来操作,切忌轻易使用。

1) 灭火器的使用方法

①泡沫灭火器。提取泡沫灭火器时,注意筒身不可倾斜,防止两种药液混合,到达火场后,颠倒筒身,上下摆动几次,使其发生化学反应,先拔掉安全销,借助气体的压力,将泡沫从筒嘴喷出将火扑灭。适用于扑救油脂类、石油产品以及纸张、布匹、木材等物质的初起火灾。

②干粉灭火器。先拔掉安全销,将喷嘴对准火焰根部,握住握把,然后用力按下压把,开启阀门,气体充入筒内,干粉即从嘴管喷出,干粉应对准火焰根部扫射。使用时应左右摆动,上下颠倒几次,使干粉松动后,再提起进行灭火。适用于油类、易燃液体、可燃气体和电气设备的初起火灾。

③二氧化碳灭火器。使用二氧化碳灭火器时,先拔掉保险插销,然后压紧压把,就有二氧化碳从喇叭口喷出,手要握在喇叭筒的手柄处,不可直接接触喇叭筒,以防冻伤。二氧化碳灭火器射程近,应接近着火点,从上风方向喷射。适用于扑救贵重设备、档案资料、仪器、仪表、油脂类物品及600伏以下电气装置的初期火灾。

2) 消防栓的使用方法。消防栓内所配备的器材有水带(12.5米)、消防软盘卷管(25米)、水枪、接合器、水阀。

当发生火灾时,先估算消防栓与火场的距离,迅速将水带抛开,然后将消防水带的接口对准接合器接紧,再将枪头接在水带接口处,打开水阀,同时用手抱紧枪头,对准火场。如果距离短时,可使用消防软盘卷管,先将软盘卷管拉开,拉开的同时打开水枪阀门,使用时将喷嘴对准火场。

3) 手动报警器的使用方法。手动报警器分为击碎玻璃报警器和按下报警器两种:

①击碎玻璃报警器:当发生火警时击碎玻璃即可报警。

②按下报警器:当发生火警时按下即可报警。

2. 音响系统的使用方法

用传声器把原发声场声音的声波信号转换为电信号,并按一定的要求将电信号通过一些电子设备的处理,最终用扬声器将电信号再转换为声波信号重放,这一从传声器到扬声器的整个构成就是音响系统。

虽然根据不同的要求和任务以及不同的场合有不同的音响系统,并且对同一类型的音响系统根据所实现功能的多少和规模的大小也有较大的区别，但在音响系统的构成设计上也有共同的规律。对专业音响系统的构成，一般以调音台作为中心，并抓住声音信号的来龙去脉，所谓来龙即由节目源设备至调音台的连接，所谓去脉即由调音台的主输出至后级设备，根据系统的不同或至录音设备或至扩音设备，此外根据不同的需要环绕调音台配接音频处理设备。

音响设备的使用专业性很强，需要接受培训或者在专业人员现场指导下才可以进行。

（1）开机前的检查

1）检查电源。是否符合各项要求，如电压是否稳定、线路有无破损，并注意音响设备电源避免与灯光电源共接，以免对音响设备产生干扰信号。

2）检查线路。检查线路分布，对于演出中经常需要调整的信号线，应设计出合理的布线方案，注意弱电信号线不要与强电信号线布在一起。

3）检查开关。检查音响设备的电源开关是否处于关闭状态（装有专用电源设备系统除外）。

（2）开关机顺序的检查

1）开机顺序。按照音频信号流的顺序依次打开，如音源、调音台、处理器、均衡器、压限器、功率放大器。

2）关机顺序。按照音频信号流的顺序逆向依次关闭，如功率放大器、压限器、均衡器、处理器、调音台、音源。

（3）设备的调整测试

1）确定各设备连接线已正确连接后，检查各设备的推杆、旋钮是否处于正确位置。然后通电，查看各设备电源指示灯的状况，确定是否已经处于正常工作状态。

2）慢慢开启功放的音量电位器（重复各台功放），检查其对应的音箱是否正常扩音，同时仔细倾听音箱各单元是否正常，如发现问题应及时检查并排除故障。

3）拉下调音台总输出（返听输出）音量推子，全部功放的音量电位器开至最大，将调音台总输出音量逐渐加大，保证音乐信号声在观众区各位置都有足够的音量，同时在观众区中检查声场分布是否平衡。

4）调节音量至适宜，使其处于"既便于整个场所收听，又不至于产生声反馈"的合理范围。

5）系统均衡器的调整，整个音响系统最关键的调整环节就在这里。均衡器的主要作用是弥补声场缺陷造成的频响失真。另外，它还有两个重要作用，一是调整音色，二是抑制声反馈造成的啸叫声。由于系统均衡器的调试较为复杂，除非特殊情况，建议不要轻易调整。

6）当设备调整好后，进行总体的音质检查

①音乐信号要求有力度、声音丰满，高音不能刺耳，低音不能混浊。

②人声信号（加入效果）要求圆润、丰满和有层次，富有现场感。

不同的音乐与不同的人，会使音质效果产生不同的变化，此时应在调音台上的参量均衡中进行适当的提升与衰减。

7）按正确的关机顺序关闭音响设备电源及所有工作电源

①将所有音响设备的控制旋钮和音量推子复位。

②将节目伴奏带统一交给相关负责人。

③将无线话筒内的电池取下。

3. 制冷设备的使用

制冷设备是制冷机与使用冷量的设施结合在一起的装置。设计和建造制冷装置，是为了有效地使用冷量来冷藏食品或其他物品；在低温下进行产品的性能试验和科学研究试验；在工业生产中实现某些冷却过程，或者进行空气调节。

按照冷却目的和冷量利用方式的不同，制冷装置大体可分为冷藏用制冷装置、试验用制冷装置、生产用制冷装置和空调用制冷装置四类。冷藏用制冷装置主要用于在低温条件下储藏或运输食品和其他货品，包括各种冰箱、冷藏车、冷藏船和冷藏集装箱等。酒吧常用的制冷设备有冰箱或者冷藏柜、恒温酒柜、制冰机和空调。

（1）冰箱或者冷藏柜的使用方法

冰箱或者冷藏柜都是保持恒定低温的制冷设备，其功能是使食物或其他物品保持恒定低温冷态。冰箱通常有制冷和冷藏两部分空间，用来储藏不同需求的食品和饮料。冷藏柜通常只有冷藏空间，通常只存放饮料，并且门使用钢化玻璃材质，可以起到展示的作用。

1）在接通电源之前，先检查铭牌上规定的电压是否与接口电压相同，相同方可使用；要为冰箱或者冷藏柜安排单独的电源线路和使用专用插座，不能与其他电器合用同一插座，否则会造成不良事故；安装好接地装置。以上条件都符合后，给冰箱或者冷藏柜通电。

2）首次使用时运转时间不宜过长，应间断进行，给冰箱或冷藏柜各部件一个磨合的过程。

3）新冰箱或冷藏柜开始工作时，存放的食品数量不宜过多，随着冰箱或冷藏柜工作时间的增加再逐渐加大存储量。

4）冰箱或冷藏柜工作时应尽量减少开门次数，减少冷气的外放。

5）正确存放食物

①肉类可放入 0℃左右的冷藏箱储藏；如需长期储存，放入低于－18℃的冷冻箱内。

②蛋禽类的储藏保鲜：鲜蛋一般储存的适宜温度 2～5℃，放入冰箱冷藏室内可储藏 2 周左右。切勿将鲜蛋放入冷冻室。

③一般蔬菜在储存前应洗净，擦干水分，装入塑料袋，扎紧袋口，将处理好的蔬菜放入温度为 0～10℃的冷藏室即可。

④牛奶放在冰箱中储存，在 0～2℃的温度下可保存 1～2 昼夜。经过消毒的乳液在 2℃可保存 5～6 天。牛奶切勿在冷冻室内存放，因为结冰的牛奶质量和营养价值将受到严重影响。

（2）制冰机的使用方法

采用制冷系统，以水作为载体，在通电状态下通过蒸发后制造出冰的设备叫制冰机。

1）开机前的检查

①检查制冰机是否有杂物。

②检查制冰机抽水泵、储水箱浮球、减速机、电气装置是否完好。

③检查制冰机内冰刀是否完好、结冰桶身上有无大块的冰残留、里面各出水管道是否畅通。

④检查冰库的门是否关闭。

⑤检查氨系统、水系统的各相关阀门是否打开。

2）开机

①开启冰刀减速机与抽水泵。

②开启制冰机的供液截止阀，向冰机供液。

3）停机

①关闭制冰机的供液截止阀，停止供液。

②再延时约 5 分钟后先关停抽水泵，后关停冰刀减速机。

（3）恒温酒柜的使用方法

恒温酒柜通常是用来保存红酒的酒柜，具有恒温、恒湿等特点，是红酒保存的理想环境。按制冷方式可分为电子半导体、压缩机直冷式和变频风冷式；按材质有实木酒柜和合成酒柜。目前市场上应用最多的是合成酒柜系列。具体使用方法如下：

1）使用准备。将箱体内的固定层架的胶纸、杂物拿走，并用湿布清洁箱体内部。

2）插入电源。将电源插头插到合适的插座上，电压要同箱体后铭牌标示一致。

3）正常工作。电源接通后，酒柜即开始工作。满功率工作时，箱体背面的电路板上两只 LED 灯亮，红色 LED 灯表示电源输入状态，绿色 LED 灯表示制冷系统输出状态。箱内的散冷风扇也同时运转，门打开后，门上角调温盒上的 LED 照明灯会自动亮。

4）冷却速度。在环境温度小于 25 度的情况下，酒柜空载约需工作 2 个小时箱温可达到最低。

5）储藏。经过 1～2 小时通电运转后，箱内已充分冷却，可放入红酒正式使用。酒柜温控范围为 8～18 度，勿将容易变质的肉类食品放置于箱体内。

（4）空调的使用方法

开启空调时，室内温度设置在 25.5℃ 最为适宜，室内外温差最好不超过 7℃，否则人在出汗后入室容易加重体温调节中枢的负担。

选择一台适合面积大小的空调。如果空调的匹数较小，就无法满足实际面积的使用，这样空调会一直处于超负荷运转状态，室内的温度也不会达到预想的效果，而且非常耗电。如果空调的制冷功率过大，还会加大空调压缩机的磨损。

在空调摆放上也要注意，尽量不要安置在日晒雨淋的地方，避免阳光直接照射空调，这样能节省出 5% 左右电量。

在空调机的附近尽量不要摆放大件的家具，尽量让出风口保持顺畅，以免阻挡散热、增加耗电。最重要的是，空调是否省电还得要看每台空调的能效比，能效比越高的空调使用起来自然越省电。

经常使用空调也容易生"空调病"。一般发生在中央全封闭式空调环境中，家用空调也比较常见。因为在封闭或相对封闭的空调环境中，空气的流动性会比较差，容易造成室内空气中氧气的含量不断降低。同时，室内建筑材料挥发的有毒气体以及吸烟产生的烟雾等有害物质难以通过空气对流释放到室外，导致室内空气的质量不断下降。另外，如果房间密封性较强、阳光照射不足，室内温度、湿度就容易令病菌繁衍、生存，对人体健康构成严重威胁。"空调病"的症状一般表现为：四肢酸痛无力、疲劳失眠、心跳加快、头昏脑涨、血压升高、关节炎、咽喉炎等。

经常开窗换气，以确保室内外空气的对流，有条件也可使用空气净化设备，能有效地去除建材中的有毒气体和室内病菌。

避免空调冷气的直吹处，因为该处空气流动快且温度更低，容易使人体表面的毛孔强烈收缩引起内分泌紊乱，造成"空调病"。

4. 上下水设备的使用

上下水是"给排水"的俗称，给排水是给水系统和排水系统的简称。

上下水是一个庞大的体系，小到一个建筑物大至整个城市，都有上下水工程交错其中。具体到酒吧的设备，如水池、洗手间、清洁间等都需要上下水设备的支持。

（1）节约用水量，用水完毕即关紧水龙头。不过也不能一味为了节约用水而忽视清洁工作，所有食物及工具必须要用流动水做最后一遍清洁冲洗工作。

（2）用水完毕后将水池中的废水排掉，以免滋生细菌。

（3）注意避免下水管的堵塞。

5. 照明设备的使用

照明是利用各种光源照亮工作和生活场所或个别物体的措施。利用太阳和天空光的称"天然采光"；利用人工光源的称"人工照明"，这里"人工照明"的设备即照明设备。照明的首要目的是创造良好的可见度和舒适愉快的环境。

照明种类可分为正常照明、应急照明、值班照明、警卫照明和障碍照明。其中应急照明包括备用照明、安全照明和疏散照明。其中，酒吧经常看到的是正常照明和应急照明。正常照明指各种照明使用的灯，如吊灯、壁灯等；应急照明指备用的照明，如带有"安全通道"字样的照明等，其使用方法如下：

（1）根据室外照明状况决定是否开启室内照明设备，照明强度以适宜人眼视物而不刺目为宜。

（2）如在营业期间开启或者关闭照明设备需要先提示下客人，以免光线突然变化而造成客人恐慌或者影响行动等。

（3）对于后台空间的照明设备则采取人走灯灭的原则，节约用电。

（4）营业结束后应检查所有照明是否关闭，以免浪费资源。

三、酒吧设备设施的保养

使用和保养方法有着密切的联系，正确的使用可以很好地延长设备设施的使用寿命，也是有效的保养手段之一；保养得当的设备设施在使用时会更加有利于操作。

1. 通风、消防系统的保养

（1）定期清洁设备表面

通风系统的出风口和进风口的固定支架应当用湿布擦拭，滤网定期更换、拆洗。通风开关容易留下指印，要经常清洁。空气过滤网、过滤器和净化器等每六个月检查或更换一次。擦拭消防器材表面尘土和污垢，清理消防通道地面，保证干净、无水渍、无油污。

由于这些设备通常表面都是金属材质，所以务必除尘后擦干水渍，以免锈蚀。

（2）保持设备放置的通道畅通

消防器材通常置于通道边或者通道尽头，不允许放置物品阻碍通道畅通。

综上所述，由于通风消防系统的专业性很强，在保养时一定要接受该专业的培训，或者由专业人员在场指导操作，以免由于不慎造成设备损坏及人身伤害。

2. 音响系统的保养

（1）防震措施

机器的震动一般主要来自外部，因此，要使主机远离扬声器，可以在机下垫一胶皮等吸震材料，以减小震动。

（2）通风散热措施

放入柜中的机器，其上部与柜板应有 30 毫米的空间以利散热。同时，应避免太阳照射，远离热源。

（3）摆放

要保证机器水平置于坚固平面上，同时要注意开机时托盘能伸出几十厘米，因此，在机器前方应留有足够空间，以避免造成碰撞损坏。

（4）清洁

应经常对机器外壳和托盘上的灰尘进行清洗，可用市面上卖的专用清洁剂或无水酒精进行清洗。

（5）对遥控器的保养

遥控器应轻拿轻按，长期不用时，应把其中的电池取出。

3. 制冷设备的保养

（1）冰箱或冷藏柜的保养

1）冰箱或冷藏柜的清洁。冰箱或冷藏柜必须保持清洁、干燥，经常进行除尘、去污、排臭味，进行电冰箱或冷藏柜清洁卫生工作时要注意以下几点：

①勿用酸、碱溶液擦洗冰箱。

②勿用有机溶剂擦洗箱体。

③勿用热水擦洗冰箱。

④勿用水冲洗电冰箱的外壳和内胆。

⑤勿用锐器刮除污垢。

2）冰箱或冷藏柜的除臭。冰箱或冷藏柜除臭方法：用软布将箱内擦抹干净，而后放入半杯白酒关上冰箱门，经过 24～28 小时就可以排除臭味。还可放入活性炭或除臭剂防臭。

3）冰箱或冷藏柜的除霜。当冰箱或冷藏柜内冰霜厚度超过 10 毫米厚时应进行除霜处理，进行除霜时应关断电源，打开箱门，取出食品，待温度回升至霜层浮起即可除去。后用干净软布将内箱擦干，接通电源即可重新使用。

4）冰箱或冷藏柜的摆放位置。冰箱或冷藏柜应摆放在远离火炉、暖气片等热源的地方，同时应避免阳光的直接照射，这样有利于冰箱的散热。此外，还应摆放在湿度较小、通风良好的地方。冰箱或冷藏柜背部应离墙 10 厘米以上，顶部应有 30 厘米以上的高度空间，摆放的地面应平稳，否则当压缩机启动时会产生振动并发出很大的噪声，长期如此会缩短冰箱或冷藏柜的使用寿命。不应摆放重物或过多的杂物，特别是不能摆放其他电器。

5）冰箱或冷藏柜的搬运。在搬运时应注意机身倾斜不能超过 45 度，搬运时要保持箱体的竖直状态，千万不可倒置和横放，不能抓住门把或拖拉冷凝器，以免造成损坏。

6）断电或停电处理。电源电压波动大，如反复断电，应暂停冰箱或冷藏柜的使用，拔去电源插头，防止烧坏压缩机。冰箱或冷藏柜停机后不要马上再通电启动压缩机，应停 2～5 分钟后再启动。临时停电，应先将冰箱插头拔下；停电期间尽量减少开箱门的次数，在冰箱或冷藏柜门紧闭情况下食品可以保鲜 15～20 小时。

7）冰箱或冷藏柜温度的调节。

在使用温控器调节冰箱或冷藏柜温度时，不可用力过猛，也不要长时间调至强冷点，以免导致压缩机损坏。

（2）制冰机的保养

1）制冰机应安装在远离热源、无太阳直接照射、通风良好之处，环境温度不应超过 35 摄氏度，以防止环境温度过高导致冷凝器散热不良，影响制冰效果。安装制冰机的地面应坚实平整，制冰机必须保持水平，否则会导致不脱冰，运行时产生噪声。

2）制冰机背部和左右侧面间隙不小于 30 厘米，顶部间隙不小于 60 厘米，应使用独立电源，专线供电并配有熔断器及漏电保护开关，而且要可靠接地。

3）制冰机用水要符合国家饮用水标准，并加装水过滤装置，过滤水中杂质，以免堵塞水管，污染水槽和冰模并影响制冰性能。

4）搬运制冰机时小心轻放，防止剧烈震动，搬运斜度不能小于 45 度，经过长途运输后，制冰机应放置 2～6 小时后方能开机制冰。

5）清洗制冰机时应关掉电源，严禁用水管直接对准机身冲洗，应用中性洗涤剂擦洗，严禁用酸性、碱性等腐蚀性溶剂清洗。

6）制冰机必须两个月旋开进水软管管头，清洗进水阀滤网，避免水中沙泥杂质堵塞进水口而引起进水量变小，导致不制冰。

7）必须每两个月清扫冷凝器表面灰尘，冷凝散热不良会引起压缩机部件损坏。清扫时，使用吸尘器、小毛刷等清洗冷凝表面油尘，不能使用尖锐金属工具清扫，以免损坏冷凝器。

8）制冰机的水管、水槽、储冰箱及保护胶片要每两个月清洗一次。不使用时，应清洗干净，并用电吹风吹干冰模及箱内水分，放在无腐蚀气体及通风干燥的地方，避免露天存放。

（3）恒温酒柜的保养

1）恒温酒柜的清洁

①为了安全，在清扫前将电源插头拔掉。

②清扫酒柜时需要使用软布或海绵，蘸水或肥皂（无腐蚀性的中性清洗剂均可）。清洗后用干布擦净，以防生锈。

③请勿用有机溶剂、沸水、洗衣粉或酸等物质清洗酒柜。不得损伤制冷回路。

④清洗时不能用水冲洗酒柜；勿用硬毛刷、钢丝清洗酒柜。

⑤酒柜如长时间停用，需要切断电源，按上述方法进行清洗。并打开玻璃门，将柜内物件晾干后封存。

2）恒温酒柜的保养

①每半年更换一次酒柜上方通气孔的活性炭过滤器；每两年清理一次冷凝器（酒柜背面的金属网）上的灰尘；每一至两年更换一次层架，以防高湿度状态下实木层架的变形和腐蚀对酒造成安全隐患。

②搬动或清扫酒柜前认真查看插头是否已经拔出。

③每年彻底清洗一次酒柜，清洗前先拔出插头，并清空酒柜，然后用水轻轻擦洗柜体。

④不施重压于酒柜内外，不要在酒柜顶部台面放置发热器具和重物。

⑤长期存酒后，箱内湿度大，木托架容易发霉，可用保鲜膜包裹托架再存放酒水。定期对托架酒柜消毒清洗，防止发霉。

（4）空调的保养

1）对空调开关的保养。使用空调不应频繁开关。不要因为房间温度已达要求值或高于要求值，而经常启动和关闭空调器，而应当让空调器通过温度控制器来控制启动和关闭。空调器不使用时应关断电源，拔掉电源插头。空调无论因何种原因而停机（如突然断电、人为停机等），停机后都不能立即开机，务必过约3分钟之后，才能重新开启空调器，否则可能造成启动电流过大，烧毁熔丝，甚至烧毁压缩机电机的后果。尤其要注意有效使用定时器。睡眠及外出时，利用定时器使其仅在必要的时间内运转，以便省电。

2）关于温度的保养。空调运行要注意温度调节，避免过热或过冷。如暖气时低2℃，则可省电10%左右。空调运行时尽量少开门窗。频繁地开闭门窗会使空调的制冷、制热效果降低，浪费电。使用空调的房间窗户应使用窗帘遮挡。冬季白天使日光射进房间，夜间用窗帘遮挡，以防热量损失。特别在夏季，遮住日光的直射可使空调节电约5%。

3）有关滤网的保养。空调积尘污染是非常严重的，而空调的清洗也是最容易被忽略的事。空调一般在夏季使用前或秋季使用后需进行一次清洗保养。尤其是滤网的保养。近年由于长效除臭空调滤清过滤网的采用，使空调的清新空气质量大为提高。对于这类空气过滤网的清扫，拆卸时注意别碰到室内机组的金属部分，因为有被刮伤的可能。拆下空气过滤网后，轻轻拍弹或使用电动吸尘器进行清扫。如果过滤网积污过多，则可用水或中性洗涤剂洗刷，但不得用50摄氏度以上的热水清洗，以免变形。也不要用海绵清洗，否则会损坏过滤网表面，待用清水冲洗干净后，放阴凉处风干，千万不要在阳光下暴晒或在火炉旁烘干，因为那样可能会引起变形。将风干后的空气过滤网再安装回空调原位，整个保养过程也就完成了。空气过滤网是消耗品，大约每四个月更换一次，如果过滤网阻塞，就会使滤清能力降低，减少空气循环量，从而降低冷气、暖气效果。

4）关于吹风方向的保养。勿遮挡室外机的吹风口。室外机的吹风口处被物品遮挡时，冷暖气效果降低，浪费电。要善于利用风向调节，暖气时风向板向下，冷气时风向板水平，效果较好。

除此之外还有一些零部件的保养，是需要由专业的技术人员来完成的，切忌盲目操作，以免对身体造成伤害或者损坏设备。

4. 上下水设备的保养

（1）上下水设备的清洁

清洁是上下水设备保养最重要的方法，除了定期彻底清洁外，也要注意日常性的清理，本着随使用随清理的原则。清理不及时或者不彻底会造成下水的堵塞，等到彻底堵塞之后再疏通就困难多了，也会影响正常工作。

（2）上下水设备的拆卸

任意拆卸或者改装上下水是大忌，严重的还可能影响整个建筑物的上下水系统，因此不可轻易尝试。

5. 照明系统的保养

（1）照明系统的检查

爱护系统设备，及时维护保养，保证系统随时处于正常状态。

（2）照明设备的清扫

定期对照明设备进行清扫，对处于多尘环境下的照明设备，每月应清扫1～2次，以保证它的正常照明亮度。禁止用湿布擦拭灯头和开关等部件。

（3）照明设备的外接物品

各种灯具的聚光反光设备不得用纸片和铁片等物来代替，不许用金属丝将纸片和铁片绑在灯口上。

（4）照明设备的更换

更换灯泡和灯管时应切断电源，严禁非专业人员进行操作。

 技能要求

检查酒吧各种设备

一、操作准备

1. 准备场地

模拟酒吧。

2. 准备工具

酒吧各种设备的维修或维护登记表（见表1—2）。

表 1—2　　　　　　　　　　酒吧各种设备维修或维护登记表

日期	设备（工具）名称	清洁与保养	报修内容	备注

在使用过程中对各种设备进行检查是保证酒吧正常运行的重要工作之一，一旦发现设备设施工作异常或者停止工作应及时检查问题所在，如果是设备设施故障应及时报修，由专业人员进行维修。为了监控检查工作，并保证检查与维护、检修及时、顺畅地进行，需要对检查进行记录，正确、真实地记录检查结果是对保养和检修的最重要依据。

二、操作步骤

1. 检查酒吧通风、消防系统的操作步骤

（1）灭火器使用及保养

1）喷筒是否畅通，如堵塞要及时疏通。

2）压力表指针是否在绿色区域，如在红色区域要检查原因，检查后要重新灌装。

3）零部件是否完整，有无松动、变形、锈蚀、损坏。

4）可见部位防腐层是否完好，轻度脱落要及时补好，明显腐蚀应送专业部门维修及进行耐压试验。

5）铅封是否完好，一经开放必须按规定再行充装，并作密封试验，重新铅封。

6）按时进行定期检查、保养，每半年检查一次喷嘴和喷射管有否堵塞、腐蚀损坏。

7）灭火器由消防部门进行灌装。

（2）消火栓的保养

1）每月逐项检查一次。

2）检查栓门关闭是否良好，锁、玻璃有无损坏，栓门封条是否完好。

3）栓门封条脱落破损的补贴封条。

4）每年逐个打开消火栓检查一次，同时放水冲洗管道。

5) 开栓门取出水带，仔细检查有无破损，如有应立即修补或替换；检查有无发黑、发霉，如有应取出刷净、晾干。

6) 将水带交换折边或翻动一次。

7) 检查水枪、水带接头连接是否方便牢固，有无缺损，如有立即修复，然后擦净，在栓内放好。

8) 检查接口垫圈是否完好无缺，替换阀上老化的皮垫，将阀杆上油。

9) 检查修整全部支架，掉漆部位应重新补刷油漆。

10) 将栓箱内清扫干净，部件存放整齐后锁上栓门，贴上封条。

（3）检查通风系统

1) 开关是否操作有效。

2) 风口是否有风输送，且风速正常，如果风感不强或者调解器失效应进一步检查是否因为尘土过多造成堵塞，是否需要清洗，清洗后如仍旧不能正常运转应立即报修。

3) 运行时是否无噪声、无震动，一旦有，应立即报修。

4) 运行时是否有滴水，或者通风管道路径上的天花板有无渗水现象，如果有应报修。

（4）查阅记录，核实信息

查阅上次记录，明确是否前次报修故障已经排除。

（5）填写检查记录和报修表格并跟进

上次报修记录如果依旧没有处理，应向维修部门核实情况，并在本次记录表中注明；本次检查出现的报修应及时告知维修部门。

2. 检查酒吧音响系统的操作步骤

（1）外观检查

主要检查各单元涂层是否一致，有无脱落、划痕、破损、开裂等。

（2）安全检查

重点检查各单元电源引线有无损伤、龟裂，电源插头是否良好，是否贴有国家规定的安全认证标志。

（3）音质检查

用CD机播放自身熟悉的古典音乐或交响乐，试听音质情况，应达到以下效果：

1) 低音深沉有力，富于厚度感，不能有硬梆梆的感觉。

2) 中音清晰明亮，有足够力度，不应嘶哑无力。

3）高音清脆，透明，纤细悦耳，不应有毛刺感。

（4）查阅记录，核实信息

查阅上次记录，明确是否前次报修故障已经排除。

（5）填写检查记录和报修表格并跟进

上次报修记录如果依旧没有处理，应向维修部门核实情况，并在本次记录表中注明；本次检查出现的报修应及时告知维修部门。

（6）其他项目检查

在运行过程中，检查机体是否有不寻常的高温或者焦煳的味道，如果有应立即停止运行并报修。

3. 检查酒吧制冷设备的操作步骤

（1）检查冰箱或冷藏柜的操作步骤

1）打开开关后是否制冷正常。

2）运行时是否无抖动、无噪声、无滴水。如果有抖动进一步检查放置地面是否不平坦，是否设备上方或者旁边触碰到了其他物品导致产生噪声，是否因为存储的容器泄漏导致滴水等，如果都不是通知相关部门检修。

3）运行时是否制冷缓慢或者不能达到预设标准。如果制冷不理想，进一步检查是否该除霜，是否放置物品过多，否则应通知相关部门检修。

4）检查冰箱门是否在关闭时密封。

5）检查设备表面是否有污垢或者水痕，是否需要清洁。

6）查阅记录，核实信息。查阅上次记录，明确是否前次报修故障已经排除。

7）填写检查记录和报修表格并跟进。上次报修记录如果依旧没有处理，应向维修部门核实情况，并在本次记录表中注明；本次检查出现的报修应及时告知维修部门。

（2）检查制冰机的操作步骤

1）检查制冰机是否正常制冰。如果制冰功能异常的话，要查看是否水平放置，电源是否连接完好。

2）检查制冰机是否工作噪声过大。

3）检查制冰机是否能够正常上下水。

4）检查制冰机是否散热正常。如果散热不够则需要查看是否通风口有异物阻挡，有异物需要调整制冰机位置或者移开异物。

5）如以上问题无法解决，应立即向相关部门报修。

6）查阅记录，核实信息。查阅上次记录，明确是否前次报修故障已经排除。

7）填写检查记录和报修表格并跟进。上次报修记录如果依旧没有排除，应向维修部门核实情况，并在本次记录表中注明；本次检查出现的报修应及时告知维修部门。

（3）检查恒温酒柜的操作步骤

1）检查恒温酒柜是否通电正常。

2）测试恒温酒柜框内温度、湿度是否合格及恒定。

3）检查恒温酒柜的工作噪声是否正常。如果异常检查酒柜是否水平放置。

4）检查酒柜工作时，是否有明显的抖动。如果异常检查酒柜是否水平放置。

5）如以上问题无法解决，应立即向相关部门报修。

6）查阅记录，核实信息。查阅上次记录，明确是否前次报修故障已经排除。

7）填写检查记录和报修表格并跟进。上次报修记录如果依旧没有排除，应向维修部门核实情况，并在本次记录表中注明；本次检查出现的报修应及时告知维修部门。

（4）检查空调的操作步骤

1）检查电源。检查空调电器插头和插座的接触是否良好，若发现空调在运行时，电源引出线或插头有发烫现象，这可能是电器接线太细或插头、插座接触不良，应采取措施解决。

2）检查有无泄漏。观察空调制冷剂管路（主要指分体空调器）的接口部位是否有制冷剂泄漏。若发现有油渍，则说明有制冷剂漏出，应及时予以处理，以免长时间泄漏而造成制冷剂量不足，影响空调的制冷（热）效果，甚至造成压缩机损坏。

3）经常清扫空调器面板和机壳的灰尘。一般使用干布先擦拭，然后再用洗涤剂擦洗，最后用清水洗净。切勿用 40 摄氏度以上热水、汽油、挥发性油及腐蚀性溶剂擦拭空调面板和机壳。不应用硬毛刷刷洗空调，以免损坏外壳，造成脱漆、退色等。

4）定期清洗空调的冷凝器和蒸发器盘管。可使用毛刷和吸尘器清洗盘管上的灰尘。注意在清洗时毛刷和吸尘器应沿盘管的垂直方向清扫，切勿沿水平方向清扫，以免碰坏盘管的肋片。

5）定期清洗空调器的空气过滤网。一般 2～3 周清扫一次。清扫时将过滤网抽出，用干的软毛刷刷去过滤网上的灰尘。也可用清水清洗过滤网上的灰尘，晾干后再装入空调使用。对灰尘较多的环境，过滤网的清洗应更频繁，以免过滤网沾灰尘太多，影响空调的通风量。

6）长期停机时的保养。空调要长期停机时应对空调作全面清洗。清洗好后只开空调器的风机，运转约 2～3 小时，使空调内部干燥，然后用防尘套将空调套好。

7）查阅记录，核实信息。查阅上次记录，明确是否前次报修故障已经排除。

8）填写检查记录和报修表格并跟进。上次报修记录如果依旧没有处理，应向维修部门核实情况，并在本次记录表中注明；本次检查出现的报修应及时告知维修部门。

4. 检查酒吧上下水设备的操作步骤

（1）检查给水口开关是否工作正常

关闭后有无滴漏，开合时有无噪声、有无滞涩感。是否需要适当润滑或者更换。

（2）检查排水口是否正常

将蓄水池灌满水，然后打开排水口，查看排水速度，从而了解排水管道是否有淤堵现象，如果有应尽快做清洁工作。如果排水困难请立即通知相关部门疏通。

（3）检查蓄水池周边有无积水、渗水

如果有积水、渗水可能是管道破裂或者接口松动造成的，应通知相关部门修理。

（4）检查设备外观是否有锈迹，是否需要清洁。

（5）查阅记录，核实信息

查阅上次记录，明确是否前次报修故障已经排除。

（6）填写检查记录和报修表格并跟进

上次报修记录如果依旧没有处理，应向维修部门核实情况，并在本次记录表中注明；本次检查出现的报修应及时告知维修部门。

5. 检查调整照明系统的操作步骤

（1）爱护系统设备，及时维护保养，保证系统随时处于正常状态。

（2）定期对照明设备进行检查和清扫，对处于多尘环境下的照明设备，每月应清扫 1～2 次，以保证它的正常照明亮度。

（3）对应急照明系统应每年检查其完好程度，每次检查应进行通电试验和测量绝缘电阻。

（4）特殊场所的防爆、防水型灯具应定期对其密封进行检查，发现有锈蚀损坏和密封失效等现象应及时修复或更换。

（5）每月检查安装在震动和摆动较大场所的灯具防震措施是否牢固，灯泡和灯管有无松动和脱落。

（6）查阅记录，核实信息

查阅上次记录，明确是否前次报修故障已经排除。

（7）填写检查记录和报修表格并跟进

上次报修记录如果依旧没有排除，应向维修部门核实情况，并在本次记录表中注明；本次检查出现的报修应及时告知维修部门。

＊**相关链接**＊

在日常维护保养时发现设备存在问题应立即向维修部门报修，并跟进维修结果。待维修部门检修完成后，应填写维修单并由酒吧工作人员复查并签字确认。

【案例1—1】设备保养维护登记表及报修单填写样式

酒吧设备维修或维护登记表

日期	设备（工具）名称	清洁与保养	报修内容	备注
2012－8－29	通风、消防系统	完成	消防栓漏水	
2012－8－29	音响系统	完成	无	
2012－8－29	制冷设备	完成	无	
2012－8－29	上下水设备	完成	无	
2012－8－29	照明系统	完成	无	

设备故障报修单

设备名称	消防栓	设备编号		设备所在部门	酒吧	备注
报修时间	2012－8－29		报修人	（酒吧员工）		
故障现象	消防栓漏水					
检修项目	阀门					
更换部件	阀门		修复时间	2012－8－29		
签字	维修人员	（维修部员工）	部门确认	（酒吧员工）		

第 3 节　饮 料 补 充

饮料补充作为初级调酒师来说是一项很重要的工作。为了酒吧的正常运行，每天都要对酒吧的饮料库存进行补充，因此，作为初级调酒师必须熟悉酒吧提货流程，了解酒吧标准库存的原则和要求，保证补充饮料的质量。独立完成饮料的领取，并在开吧前完成。

学习目标

➢ 了解酒吧的饮料补充的意义

➢ 熟悉饮料补充的原则和要求

➢ 掌握饮料补充的流程

➢ 能够正确提取饮料

知识要求

一、酒吧的饮料补充的意义

1. 保证酒吧正常运转

酒吧作为以销售各种饮料为主要经营项目的营业场所，饮料的供应是酒吧正常运转的最基本保证。

2. 保障酒水供应

宾客的多样化需求决定了酒吧不能只经营一个品种的酒水，多样化的需求就应该由多样化的产品来满足。因此，饮料不仅在数量上要维持经营状态，在种类上也要琳琅满目。

3. 确保酒水质量

饮料补充需要科学的方法和精确的计算来决定领取量，领取不足会导致无酒可卖流失客户；领取超额则可能导致积压过量，饮料过期，成本浪费。同时，在领取时的验收和质量检查也不容忽视。

二、饮料补充的原则和要求

饮料补充就是常说的酒吧提货，是指保质保量完成饮料补充的过程。

1. 饮料补充的原则

以库存标准为依据，以提货单为凭证。

（1）库存

1）酒吧饮料库存。是指酒吧内为保证酒吧正常运营储存的饮料，包括品种、型号、数量等。标准库存是根据每天营业状况统计而制定的。

2）酒吧标准库存的原则。既要保持合理的库存数量，防止缺货和库存不足，又要避免库存过量，发生不必要的库存费用，要求在实际领用过程中以库存基数为标准，严格控制好整体库存量。

（2）提货单

提货单是提取货物的凭据，通常是一式三联，一联财务部留存，一联库房留存，一联酒吧留存，以备日后作为统计和对账凭证。

提货单是由酒吧员工填写，依次交由各级领导审批签字后方可生效。届时，酒吧员工可持有效的提货单去库房提货。

2. 饮料补充的要求

（1）严格按照统计出来的品种、数量领取，不得增减。加量或者减量提货将会造成标准库存与实际库存数量不符，给成本核算带来困难。

（2）提货过程中对质量严格把关。对于过期、被污染或损坏的饮料不得领取。检查饮料的保质期；查看外包装和商标是否完整、无污渍、无破损、无变形、无膨胀，检查封口是否完好，无泄漏。

（3）搬运过程要轻拿轻放。

三、饮料补充的流程

调酒师在每日开吧前，需要补充好当日所需的饮料，要按每日所需补齐库存量。具体提货流程（星级酒店）如图 1—13 所示：

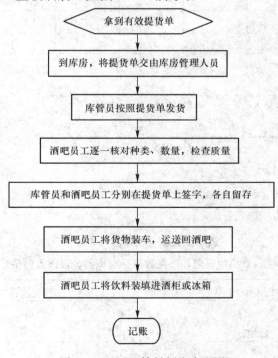

图 1—13　酒吧饮料领取流程图

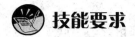 **技能要求**

提 取 饮 料

一、操作准备

1. 提货单（见表1—3）

表1—3　　　　　　　　　　　提货单

部门		申请人				日期									备注
品名	编号	所需数量	实发数量	单价		价值									备注
					千	百	十	万	千	百	十	元	角	分	
			总计												
总经理批准		财务部批准		部门批准											
发货人		收货人		收货日期											

2. 酒水饮料若干

二、操作步骤

1. 拿到有效提货单（见表1—4）

表1—4　　　　　　　酒水提货单（领取前，有效）

（注：表格中日期和所需数量是虚拟的，仅作为例子）

部门		申请人	（酒吧员工签字）		日期	2012-8-29（虚拟）									
品名	编号	所需数量（虚拟）	实发数量	单价		价值									备注
					千	百	十	万	千	百	十	元	角	分	
芝华士		2													

续表

部门		申请人	（酒吧员工签字）		日期				2012－8－29（虚拟）							
品名	编号	所需数量（虚拟）	实发数量	单价	价值											备注
					千	百	十	万	千	百	十	元	角	分		
绝对伏特加		0														
杰克丹尼		3														
黑方		2														
红方		4														
百龄坛		0														
1.25 L 百事可乐		10														
1.25 L 可口可乐		10														
总计																

总经理（已签字）	财务部批准（已签字）	部门批准（已签字）
发货人	收货人	收货日期

提货种类、数量必须填写清晰后，方可交予领导逐一审批签字，领导全部签字后，提货单才有效。

2. 到库房领货

（1）发货

将提货单交至库房管理员，管理员逐一核对发货。

（2）检查

提货人检查确认饮品名称、外观质量、保质期。提货人对所领饮料复查是必要程序，一旦发现库管员漏发、错发饮料，提货人可拒绝在提货单上签字；待确认种类、数量和质量均无任何问题后签字。

（3）装货

拿取饮料轻拿轻放。

3. 提货单签字，装货并运送回酒吧（见表1—5）

表 1—5 　　　　　　　酒水提货单（领取完毕后）

（注：表格中日期和所需数量是虚拟的，仅作为例子）

部门	申请人	（酒吧员工签字）		日期	2012－8－29（虚拟）									
品名	编号	所需数量（虚拟）	实发数量	单价	价值									备注
					千	百	十	万	千	百	十	元	角	分	
芝华士		2												
绝对伏特加		1												
杰克丹尼		3												
黑方		2												
红方		4												
百龄坛		1												
1.25 L 百事可乐		10												
1.25 L 可口可乐		10												
		总计												
总经理（已签字）	财务部批准（已签字）	部门批准（已签字）												
发货人（已签字）	收货人（已签字）	收货日期 2012－8－29												

（1）签字

库管员和提货人分别在提货单上签字并且各自留存自身的一联。

（2）运送

提货人小心装车，将饮料稳妥运至酒吧。

4. 将领取的饮料装填进酒柜或冰箱

分类将饮料填入酒柜或冰箱。填装货物前，先取出存在酒吧的旧货，放入新提的饮料，再放回旧货。这样在销售取货时能做到先进先出，避免饮料储存过久甚至过期，造成浪费。另外，各种饮料分类码放，注意储存要求。

5. 将提货单交回

每次提货后的单据留存都十分重要，一旦发生货品数量、种类不符时，可以通过检查存根来找出问题原因。

三、注意事项

严格按照流程操作，严禁违规。提货的数量准确、质量合格是保证酒吧运营和成本核算的基础环节。

第 4 节　开吧饮料检查

　　开吧饮料检查是为确保酒吧在营业中的饮料供应。对于初级调酒师而言，开吧饮料检查是逐步熟悉酒吧的一个过程，通过本章的学习牢记酒吧饮料名称，熟练掌握酒吧饮料名称的听、说、读、写，为今后在酒吧工作奠定基础。同时，初级调酒师应能够了解酒吧开吧饮料的检查内容、方法等。

 学习单元 1　初阶酒水知识

 学习目标

　　➤ 掌握各种常见饮料中英文名称，并判断其类别
　　➤ 能够正确听、说、读、写酒吧常见饮料名称

 知识要求

一、常用酒精饮料的中英文名称

1. 常见发酵酒的中英文名称

　　啤酒是常见的发酵酒，具体见表 1—6。除此，发酵酒还有清酒、米酒等类别，但并不是酒吧常见的，因此此处不做介绍。

表 1—6　　　　　　　　　　　　　　　　　　啤酒

喜力啤酒	Heineken beer
阿姆斯特尔	Amstel light beer
科罗娜	Corona beer
苏尔／太阳	Sol beer
富士达	Foster beer
嘉士伯	Carlsberg beer

续表

三姆	Samuel adams beer
百威	Budweiser beer
银子弹	Coor's light beer
布鲁克林	Brooklyn beer
北岸海豹	Red Seal Ale beer
健力士	Guinness stout beer
宝丁顿	Boddington beer
格林王火鸟	Old Speckled Hen beer
伦敦之巅	London pride beer
纽卡索	Newcastle beer
督威	Duvel beer
福佳白	Hoegaarden beer
莱福	Leffe beer
沃特路	Waterloo beer
柯璐娜	Kapuziner beer
贝克	Beck's beer
爱丁格	Erdinger beer
博拉那啤酒	Paulaner beer
德贝啤酒	DAB beer
教士纯麦啤酒	Franziskaner beer
万胜啤酒	Warsteiner beer
虎牌啤酒	Tiger beer
朝日啤酒	Asahi beer
札幌	Sapporo beer

2. 常见蒸馏酒的中英文名称

常见蒸馏酒分为威士忌、金酒、伏特加、特基拉、朗姆酒和白兰地等，白酒虽然也属于蒸馏酒，但并非酒吧常见种类，此处不做介绍。

（1）威士忌（见表1—7）

表 1—7 威士忌

苏格兰威士忌	Scotch Whisky
红方	Johnnie Walker Red Label
黑方	Johnnie Walker Black Label
绿方	Johnnie Walker Green Label

金方	Johnnie Walker Gold Label
蓝方	Johnnie Walker Blue Label
尊荣	Johnnie Walker Swing
尊爵	Johnnie Walker Premier
百龄坛	Ballantine's
威雀	Famous Grouse
帝王（白牌）	Dewar's White Label
顺风	Cutty Sark
珍宝	J & B rare
老伯	Old Parr
白马	White Horse
格兰威	Grant's
马谛氏	Matisse
格兰菲迪	Glenfiddich
格兰利维	Glenlivet
麦卡伦 12	Macallan 12
爱尔兰威士忌	Irish whiskey
尊美醇	John Jameson
图拉多	Tullamore Dew
加拿大威士忌	Canadian Whisky
皇冠	Crown Royal
施格蓝 特酿 V.O	Seagram's V.O
加拿大俱乐部	Canadian Club
美国威士忌	American Whiskey
四玫瑰	Four Roses
野火鸡	Wild Turkey
占边	Jim Beam
山姆	Sam Clay
杰克丹尼	Jack Daniel

（2）金酒（见表1—8）

表1—8 金酒

哥顿	Gordon's London dry Gin
添加利	Tanqueray
添加利 10 号	Tanqueray No. ten

孟买蓝宝石	Bombay sapphire
必富达	Beefeater Gin
钻石金	Gilbey's
建尼路	Greenall's
百思福	Bosford Gin
施格兰	Seagram's

（3）伏特加（见表1—9）

表1—9 伏特加

瑞典绝对原味伏特加	Absolut
瑞典绝对100	Absolut 100
绝对伏特加（黑莓味）	Absolut kurant/currant
绝对伏特加（辣椒味）	Absolut peppar
绝对伏特加（柠檬味）	Absolut citron
绝对伏特加（橙味）	Absolut mandrin
绝对伏特加（香草味）	Absolut vanilla
绝对伏特加（红莓味）	Absolut raspberry
绝对伏特加（桃味）	Absolut apeach
绝对伏特加（梨味）	Absolut pears
绝对伏特加（芒果味）	Absolut mango
无极瑞典	Level
芬兰伏特加	Finlandia
红牌	Stolichnaya
绿牌	Moskovskaya
皇太子	Eristoff
蓝天	SKYY
维波罗瓦	Wyborowa
雪树伏特加	Belvedere Vodka
42纬度	42below
荷兰第一	Ketel one
灰雁伏特加	Grey Goose
雷米诺夫	Nemiroff
AK–47	AK–47

（4）特基拉（见表 1—10）

表 1—10　　　　　　　　　　特基拉

豪帅金快活	Jose Cuervo gold
豪帅银快活	Jose Cuervo silver
豪帅 1800	Jose 1800
奥米加金	Olmeca gold
奥米加银	Olmeca silver
白金武士	Conquistador gold
白银武士	Conquistador silver
雷博士	Pepe lopez
懒虫	Camino
索萨（索查）瑞莎	Sauza
赞助者	Patron
马蹄铁	Herradura
赫拉多拉 艾尔吉玛	Jimador
唐–胡里奥（anejo）	Don julio anejo
唐–胡里奥（blanco）	Don julio blanco

（5）朗姆酒（见表 1—11）

表 1—11　　　　　　　　　　朗姆酒

百加得白朗姆	Bacardi white
百加得黑朗姆	Bacardi black
百加得金朗姆	Bacardi golden
百加得 151	Bacardi 151
百加得 8 年	Bacardi 8
美雅仕	Myers Rum
摩根船长	Captain Morgan
混血姑娘	Mulata
哈瓦那 俱乐部	Havana club
（巴巴多斯）奇峰	Mount Gay
马里布	Malibu
斯文提克白朗姆酒	Seven tiki white rum
卡莎萨	Cachaca

（6）白兰地（见表1—12）

表1—12   白兰地

人头马 V. S. O. P	Remy martin VSOP
人头马俱乐部	Remy martin club
人头马 XO	Remy martin XO
人头马路易十三	Louis XIII/13
轩尼诗 V. S. O. P	Hennessy VSOP
轩尼诗 XO	Hennessy XO
轩尼诗杯莫停	Hennessy Paradis
轩尼诗李察	Hennessy Richard
马爹利 VSOP	Martell Vsop
马爹利名仕	Martell Noblige
蓝带马爹利	Martell Cordon Bleu
马爹利 XO	Martell XO
马爹利银尊	Martell Extra
金王马爹利干邑	Martell L'OR
拿破仑 VSOP	Courvoisier VSOP
拿破仑 XO	Courvoisier XO
金花/卡幕	Camus
百事吉	Bisquit
拉雷桑格勒　雅文邑白兰地	Larressingle XO Carafe Armagnac
雅文邑白兰地——夏博	Armagnac Chabot
樱桃白兰地	Kirsch wasser
苹果白兰地	Apple Brandy

3. 常见配制酒的中英文名称

常见配制酒的类别有开胃酒、配制酒和鸡尾酒，由于鸡尾酒需要临时调制，因此此处只介绍前两种。

（1）开胃酒（见表1—13）

表 1—13　　　　　　　　　　　　**开胃酒**

马天尼干	Martini dry
马天尼半干	Martini Bianco
马天尼甜	Martini Rosso
仙山露（干．半干．甜）	Cinzano （dry. bianco. rosso）
诺丽·普拉	Noilly Prat
安哥斯特拉苦精	Angostura bitter
金巴利	Campari
杜本内	Dubonnet
飘仙一号	Pimm's NO. 1
菲奈特·布兰卡	Fernet branca
安得博格	Underberg
潘诺	Pernod
力佳	Ricard

（2）利口酒（见表 1—14）

表 1—14　　　　　　　　　　　　**利口酒**

绿薄荷力娇酒	Peppermint Green
白薄荷力娇酒	Peppermint White
蓝橙力娇酒	Blue Curacao
橙皮力娇酒	Triple Sec Curacao
紫罗兰力娇酒	Parfait amour
黑加仑力娇酒	Creme de cassis
白可可力娇酒	Cacao White
棕可可力娇酒	Cacao Brown
蜜瓜力娇酒	Melon liqueur
香蕉力娇酒	Banana liqueur
樱桃白兰地力娇酒	Cherry Brandy
荔枝力娇酒	Lychee liqueur
蜜桃力娇酒	Peach liqueur
草莓力娇酒	Strawberry liqueur
酸苹果力娇酒	Sour apple liqueur

杏仁力娇酒	Amaretto
椰子力娇酒	Coconut liqueur
黄梅白兰地力娇酒	Apricot Brandy
猕猴桃力娇酒	Kiwi liqueur
西瓜力娇酒	Watermelon liqueur
蓝莓力娇酒	Blueberry liqueur
樱桃力娇酒	Kirsch
苏格兰焦糖力娇酒	Butter scotch caramel
蒂它荔枝	Dita Lychee
蜜多利蜜瓜	Midori/melon
意大利榛子酒	Frangelico
金馥力娇酒	Southern comfort
蒂萨诺杏仁力娇酒	Disaronno Amaretto
甘露咖啡力娇酒	Kahlua
天万利力娇酒	Tia Maria
君度香橙力娇酒	Cointreau
金万利力娇酒	Grand Marnier
加里安奴力娇酒	Galliano
葫芦绿薄荷力娇酒	GET 27（Menthe）
杜林标力娇酒	Drambuie
百利力娇酒	Bailey's
艾玛乐	Amarula
野格酒（圣鹿）	Jagermeister
森伯佳	Sambuca
当酒	D. O. M

二、常见的无酒精饮料的中英文名称

常见的无酒精饮料有水、碳酸饮料及果汁饮料，另外无酒精饮料中还有咖啡和茶等需要现场制作的饮料，后者此处不做介绍。

1. 矿泉水、蒸馏水和巴黎水（见表 1—15）

表 1—15　　　　　　　　　矿泉水、蒸馏水和巴黎水

蒸馏水	Distilled water
矿泉水	Mineral water
巴黎水	Perrier water
依云矿泉水	Evian mineral water

2. 常见的果汁饮料（见表 1—16）

表 1—16　　　　　　　　　常见果汁饮料

青柠檬汁	Lime juice
橙汁	Orange juice
杨梅汁	Arbutus juice
香蕉汁	Banana juice
葡萄汁	Grape juice
西瓜汁	Watermelon juice
草莓汁	Strawberry
桃汁	Peach juice
菠萝汁	Pineapple juice
苹果汁	Apple juice

3. 常见的碳酸饮料（见表 1—17）

表 1—17　　　　　　　　　常见的碳酸饮料

可乐	Coke
汤力水	Tonic water
干姜汁	Ginger ale
苏打水	Soda water

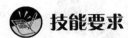 **技能要求**

看 图 识 酒

一、常见酒精饮料的识别

1. 操作准备

（1）常见酒精饮料的中英文名称对照表。

（2）常见的酒精饮料

1）常见的发酵酒——啤酒（见表1—18）

表1—18　　　　　　　　　　　　　　　啤酒

喜力啤酒 Heineken beer	阿姆斯特尔 Amstel light beer	科罗娜 Corona beer
苏尔/太阳 Sol beer	富士达 Foster beer	嘉士伯 Carlsberg beer
三姆 Samuel adams beer	百威 Budweiser beer	银子弹 Coor's light beer

续表

布鲁克林 Brooklyn beer	北岸海豹 Red Seal Ale beer	健力士 Guinness stout beer
宝丁顿 Boddington beer	格林王火鸟 Old Speckled Hen beer	伦敦之巅 london pride beer
纽卡索 Newcastle beer	督威 Duvel beer	福佳白 Hoegaarden beer

续表

莱福 Leffe beer	沃特路 Waterloo beer	柯璐娜 Kapuziner beer
贝克 Beck's beer	爱丁格 Erdinger beer	博拉那啤酒 Paulaner beer
德贝啤酒 DAB beer	教士纯麦啤酒 Franziskaner beer	万胜啤酒 Warsteiner beer

续表

| 虎牌啤酒
Tiger beer | 朝日啤酒
Asahi beer | |

2）常见的蒸馏酒

①常见的威士忌（见表1—19）

表 1—19　　　　　　　　　　　常见的威士忌

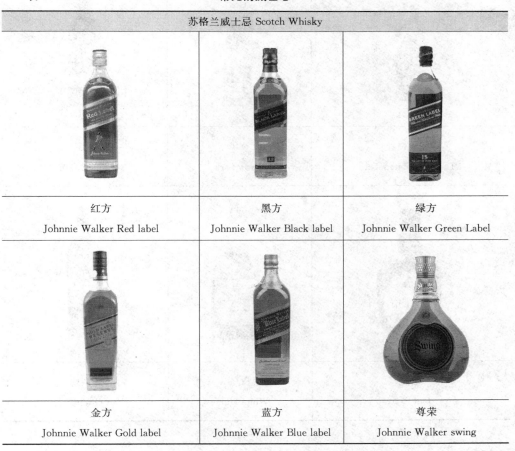

苏格兰威士忌 Scotch Whisky		
红方 Johnnie Walker Red label	黑方 Johnnie Walker Black label	绿方 Johnnie Walker Green Label
金方 Johnnie Walker Gold label	蓝方 Johnnie Walker Blue label	尊荣 Johnnie Walker swing

国家职业资格培训教程

尊爵 Johnnie Walker Premier	百龄坛 Ballantine's	威雀 Famous Grouse
帝王（白牌） Dewar's white label	顺风 Cutty Sark	珍宝 J & B rare
老伯 Old Parr	白马 White Horse	格兰威 Grant's

续表

马谛氏 Matisse	格兰菲迪 Glenfiddich	格兰利维 Glenlivet
12 麦卡伦 Macallan 12		

爱尔兰 Irish Whiskey

| 尊美醇
John jameson | 图拉多
Tullamore dew | |

续表

加拿大威士忌 Canadian Whisky		
皇冠 Crown royal	施格蓝 特酿 V.O Seagram's V.O	加拿大俱乐部 Canadian club
美国威士忌 American whiskey		
四玫瑰 Four Roses	野火鸡 Wild turkey	占边 Jim Beam
山姆 Sam clay	杰克丹尼 Jack Daniel	

②常见的金酒（见表1—20）

表1—20　　　　　　　　　　　　常见的金酒

哥顿 Gordon's London dry Gin	添加利 Tanqueray	添加利10号 Tanqueray No. ten
孟买蓝宝石 Bombay sapphire	必富达 Beefeater Gin	钻石金 Gilbey's
建尼路 Greenall's	百思福 Bosford Gin	施格兰 Seagram's

③常见的伏特加（见表1—21）

表1—21 常见的伏特加

瑞典绝对原味伏特加 Absolut	瑞典绝对100 Absolut 100	绝对伏特加（黑莓味） Absolut kurant/currant
绝对伏特加（辣椒味） Absolut peppar	绝对伏特加（柠檬味） Absolut citron	绝对伏特加（橙味） Absolut mandrin
绝对伏特加（香草味） Absolut vanilia	绝对伏特加（红莓味） Absolut raspberry	绝对伏特加（桃味） Absolut apeach

续表

绝对伏特加（梨味） Absolut pears	绝对伏特加（芒果味） Absolut mango	无极瑞典 Level
芬兰伏特加 Finlandia	红牌 Stolichnaya	绿牌 Moskovskaya
皇太子 Eristoff	蓝天 SKYY	维波罗瓦 Wyborowa

续表

雪树伏特加 Belvedere Vodka	42 纬度 42below	荷兰第一 Ketel one
灰雁伏特加 Grey Goose	雷米诺夫 Nemiroff	AK - 47

④常见的特基拉（见表1—22）

表1—22　　　　　　　　　　常见的特基拉

豪帅金快活 Jose Cuervo gold	豪帅银快活 Jose Cuervo silver	豪帅 1800 Jose 1800

续表

奥米加金 Olmeca gold	奥米加银 Olmeca silver	白金武士 Conquistador gold
白银武士 Conquistador silver	雷博士 Pepe lopez	懒虫 Camino
索萨（索查）瑞莎 Sauza	赞助者 Patron	马蹄铁（赫拉多拉） Herradura

艾尔吉玛（收割者） el Jimador	唐-胡里奥 Don julio anejo	唐-胡里奥 Don julio blanco

⑤常见的朗姆酒（见表1—23）

表1—23　　　　　　　　　　常见的朗姆酒

百加得白朗姆 Bacardi white	百加得黑朗姆 Bacardi black	百加得金朗姆 Bacardi golden
百加得151 Bacardi 151	百加得8年 Bacardi 8	美雅仕 Myers Rum

摩根船长 Captain Morgan	混血姑娘 Mulata	哈瓦那　俱乐部 Havana club
（巴巴多斯）奇峰 Mount Gay	马里布 Malibu	斯文提克白朗姆酒 Seven tiki white rum
卡莎萨 Cachaca		

⑥常见的白兰地（见表1—24）

表1—24　　　　　　　　　　　　　　常见的白兰地

人头马 V.S.O.P	人头马俱乐部	人头马 XO
Remy martin VSOP	Remy martin club	Remy martin XO
人头马路易十三	轩尼诗 V.S.O.P	轩尼诗 XO
Louis XIII/13	Hennessy VSOP	Hennessy XO
轩尼诗杯莫停	轩尼诗李察	马爹利 VSOP
Hennessy Paradis	Hennessy Richard	Martell Vsop

续表

马爹利名仕 Martell Noblige	蓝带马爹利 Martell Cordon Bleu	马爹利 XO Martell XO
马爹利银尊 Martell Extra	金王马爹利干邑 Martell L' OR	拿破仑 VSOP Courvoisier VSOP
拿破仑 XO Courvoisier XO	金花/卡幕 Camus	百事吉 Bisquit

续表

拉雷桑格勒 Larressingle XO Carafe Armagnac	雅文邑白兰地——夏博 Armagnac Chabot	樱桃白兰地 Kirsch wasser
苹果白兰地 Apple Brandy		

3）常见的配制酒

①常见的开胃酒（见表1—25）

表1—25　　　　　　　　　　　常见的开胃酒

马天尼干 Martini Dry	马天尼半干 Martini Bianco	马天尼甜 Martini Rosso

仙山露干 Cinzano dry	仙山露半干 Cinzano bianco	仙山露甜 Cinzano rosso
诺丽·普拉 Noilly Prat	安哥斯特拉苦精 Angostura bitter	金巴利 Campari
杜本内 Dubonnet	飘仙一号 Pimm's NO. 1	菲奈特·布兰卡 Fernet branca

续表

安得博格 Underberg	潘诺 Pernod	力佳 Ricard

②常见的利口酒（见表1—26）

表1—26　　　　　　　　　**常见的利口酒**

绿薄荷力娇酒 Peppermint Green	白薄荷力娇酒 Peppermint White	蓝橙力娇酒 Blue Curacao
橙皮力娇酒 Triple Sec Curacao	紫罗兰力娇酒 Parfait amour	黑加仑力娇酒 Creme de cassis

白可可力娇酒 Cacao white	棕可可力娇酒 Cacao Brown	蜜瓜力娇酒 Melon liqueur
香蕉力娇酒 Banana liqueur	樱桃白兰地力娇酒 Cherry Brandy	荔枝力娇酒 Lychee liqueur
蜜桃力娇酒 Peach liqueur	草莓力娇酒 Strawberry liqueur	酸苹果力娇酒 Sour apple liqueur

续表

杏仁力娇酒 Amaretto	椰子力娇酒 Coconut liqueur	黄梅白兰地力娇酒 Apricot Brandy
猕猴桃力娇酒 Kiwi liqueur	西瓜力娇酒 watermelon liqueur	蓝莓力娇酒 Blueberry liqueur
樱桃力娇酒 Kirsch	苏格兰焦糖力娇酒 Butter scotch caramel	蒂它荔枝 Dita Lychee

续表

蜜多利蜜瓜 Midori/melon	意大利榛子酒 Frangelico	金馥力娇酒 Southern comfort
蒂萨诺杏仁力娇酒 Disaronno Amaretto	甘露咖啡力娇酒 Kahlua	天万利力娇酒 Tia Maria
君度香橙力娇酒 Cointreau	金万利力娇酒 Grand Marnier	加里安奴力娇酒 Galliano

葫芦绿薄荷力娇酒 GET 27（Menthe）	杜林标力娇酒 Drambuie	百利力娇酒 Bailey's
艾玛乐 Amarula	野格酒（圣鹿） Jagermeister	森伯佳 Sambuca
当酒 D. O. M	香博皇家 Chambord	

2.操作步骤

（1）熟记酒精饮料的中英文名称，做到会写、会念、会听。

（2）参照中英文名称，逐一识别饮料。

（3）仔细查看饮料酒标，判断饮料类别。

二、常见无酒精饮料的识别

1.操作准备

（1）常见无酒精饮料的中英文名称对照表

（2）常见的无酒精饮料

1）常见的水（见表1—27）

表1—27   常见的水

蒸馏水 Distilled water	矿泉水 Mineral water	巴黎水 Perrier water	依云矿泉水 Evian mineral water

2）常见的果汁饮料（见图1—14）

图1—14　常见的果汁饮料

3）常见的碳酸饮料（见表1—28）

表 1—28　　　　　　　　　　　常见的碳酸饮料

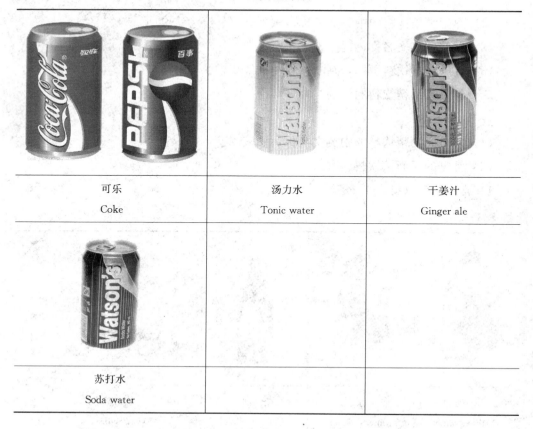

可乐 Coke	汤力水 Tonic water	干姜汁 Ginger ale
苏打水 Soda water		

2. 操作步骤

（1）熟记无酒精饮料的中英文名称，做到会写、会念、会听。

（2）参照中英文名称，逐一识别饮料。

（3）仔细查看饮料酒标，判断饮料类别。

 学习单元 2　根据酒吧常备量标准检查开吧饮料库存数量

 学习目标

➢ 了解酒吧常备量标准

➢ 掌握盘点的知识

➤能够进行开吧和结束营业后的盘点

 **知识要求**

一、酒吧常备量标准

1. 酒吧常备量标准的定义

酒吧常备量标准即酒吧标准库存。其中，经常性使用的饮料又称作常备材料，为控制成本使用，采用定量备货或定期订购两种方式；不经常使用的饮料又称非常备材料，根据具体的出品情况需要来购买。

2. 酒吧常备量标准的制定依据

酒吧常备量标准是根据酒吧销售状况而决定的。

（1）酒吧淡、旺季要注意随时调整酒吧常备量。

（2）酒水流行因素也是调整酒吧常备量的因素之一。

对酒吧常备量标准的监控是保障酒吧正常运营的重要手段之一，而最有效的监控手段则是盘点。

二、盘点

1. 盘点的定义

盘点对于各个行业都有非常重要的意义，也是成本控制和保障运营的必要手段，通常分为货币盘点和实物盘点，这里讲的盘点属于实物盘点。

酒吧盘点，是指定期或临时对库存饮料的实际数量进行清查、清点的作业，即为了掌握饮料的流动情况（入库、在库、出库的流动状况），对仓库现有饮料的实际数量与保管账上记录的数量相核对，以便准确地掌握库存数量。

2. 盘点的原则

（1）真实

要求盘点所有的点数、资料必须是真实的，不允许作弊或弄虚作假，掩盖漏洞和失误。

（2）准确

盘点的过程要求准确无误，无论是资料的输入、陈列的核查还是盘点的点数，都必须准确。

（3）完整

所有盘点过程的流程，包括区域的规划、盘点的原始资料、盘点点数等，都必须完整，不要遗漏区域、遗漏商品。

（4）清楚

盘点过程属于流水作业，不同的人员负责不同的工作，所以所有资料必须清楚，人员的书写必须清楚，货物的整理必须清楚，才能使盘点顺利进行。

3. 盘点的方法

盘点是每日开吧前和营业后必需的工作。为了掌握盘点方法，首先要了解盘点表的使用方法和酒水盘点制度，其具体内容如下：

（1）盘点表的使用方法

为了保证盘点工作的严谨性，需要使用盘点表来记录数据，见表1—29。

表1—29　　　　　　　　　　　　　盘点表　　　　　日期：＿＿＿年＿＿＿月＿＿＿日

品名	开吧	购入	转入	转出	销售	收吧

检查人：＿＿＿＿＿＿＿　　　　盘点人：＿＿＿＿＿＿＿

1）日期，即填写当天日期。

2）品名，即所盘点饮料的名称。

3）开吧，指开吧基础，即在开吧前盘点时的饮料数量。

4）购入，即需要提货的饮料数量，也叫申领数量。

5）销售，指当日已销售的饮料数量。

6）转入、转出，指内部因故借用或者归还的酒水数量，在调进或者调出时另外需要填写酒水调拨单。

7）收吧，指当日结束营业时的饮料数量。

8）检查人和盘点人，指复查与实际盘点的员工。

（2）酒水盘点制度

1）所有酒水必须整齐排列或堆放。

2）盘点表上的品种名称必须是英文大写或中文。

3）盘点表上的数字必须清晰、日期必须正确。

4）每页和每次的盘点必须有盘点人和检查人的共同签名。

5）所有盘点的数目、出入数量必须正确，出现短缺的须查明原因并及时汇报。

6）上、下班必须完成酒水、杯具、设备、器皿、布草的盘点工作。

7）领货单、调拨单、销售报表、Order 单等单据必须清晰，填写数字须用大写，所有单据应在固定的地方存放，底单应存放两个月再归库。

8）有报损的及时填写单据，上报成本部，并在记事本和盘点表上做好记录。

9）任何数目的更改必须由更改人签名，并不得用涂改液覆盖原数字。

10）盘点的所有物品须整齐并按盘点表上的顺序排列好。

11）所有发生的问题和盘点情况须在交接班日志上清楚记录。

12）所有丢失的酒水、物品将按酒吧规定赔偿。

 技能要求

一、开吧盘点

1. 操作准备

（1）盘点表。

（2）提货单。

（3）酒水饮料若干。

2. 操作步骤

（1）盘存开吧饮料

1）盘点的顺序。盘点开始以后，盘点人员应遵循从左到右、从上到下的顺序开始盘点，见货盘货，不允许使用商品作为盘点工具，不允许移动任何商品的位置，以免复盘。

2）盘点的登记与核对。明确分工，划分盘点区域，随盘随登记。

（2）填写开吧基数（见表 1—30）

表 1—30　　盘点表（品名、开吧基数和日期为虚拟）　　日期：＿＿年＿＿月＿＿日

品名	开吧	购入	转入	转出	销售	收吧
芝华士（12 年）	6					
维波罗瓦伏特加	2					
杰克丹尼	5					
黑方	6					

续表

品名	开吧	购入	转入	转出	销售	收吧
红方	4					
百龄坛	6					
1.25 L 百事可乐	20					
1.25 L 可口可乐	20					
1.25 L 雪碧	20					
2 L 百事可乐	8					
2 L 可口可乐	8					
2 L 鲜橙多	10					
2 L 雪碧	4					
拉百事	10					
美年达	20					
拉雪碧	20					
拉红牛	30					
王老吉	30					
苹果醋	20					
农夫矿泉水	50					

检查人：_____   盘点人：_____

1）开吧基数。所谓开吧基数即开吧前，没有任何销售或者调入、调出状态的酒水实际数量。开吧基数于营业前填好。

2）酒水数量。开吧基数应与上一班次实际盘存数相同。

3）计量单位

①以整瓶酒作为一个单位填写。

②使用过的烈性酒按标准分量计算。开瓶饮料可用称重、尺量等方法计算，如不足者则按实际量以"0.8瓶"或"0.3桶"填写。

③啤酒、软饮料以听、瓶、桶为单位填写。

（3）填写饮料提货单并报批

1）计算提货量。饮料补充常规以标准库存为依据，可以实际销售需要作调整。统计提货量是根据标准库存、售出量、转账进出量为依据，具体公式如下：

$$标准库存－开吧前库存＝提货量$$

2）提货量与盘点表比照。数量单位要与盘点表一致，统一以整瓶或听、桶、包等为单位。

3）提货单审批。提货单填写完毕后应按下列顺序交给领导签字：酒吧经理审核签字，餐饮部经理审核签字，财务部经理审核签字，总经理审核签字。

假设某酒吧常量标准见表1—31。

表 1—31   某酒吧常量标准

品名	常量标准
芝华士（12年）	8
维波罗瓦伏特加	2
杰克丹尼	8
黑方	8
红方	8
百龄坛	6
1.25 L 百事可乐	30
1.25 L 可口可乐	30
1.25 L 雪碧	30
2 L 百事可乐	10
2 L 可口可乐	10
2 L 鲜橙多	20
2 L 雪碧	20
百事（听）	30
美年达	30
雪碧（听）	30
红牛（听）	30
王老吉	30
苹果醋	30
农夫矿泉水	60

以芝华士（12年）为例，标准库存是8，假设开吧前库存是6，那么根据公式计算可得，当日的提货量是2（8－6＝2），某余品种按照此法依次计算出当日提货数量，见表1—32：

表 1—32　　　　　　　　　　　　　酒水提货单

品名	编号	所需数量	实发数量	单价	价值										备注
部门		申请人	（酒吧员工）		日期										
					千	百	十	万	千	百	十	元	角	分	
芝华士（12 年）		2													
维波罗瓦伏特加		0													
杰克丹尼		3													
黑方		2													
红方		4													
百龄坛		0													
1.25 L 百事可乐		10													
1.25 L 可口可乐		10													
1.25 L 雪碧		10													
2 L 百事可乐		2													
2 L 可口可乐		2													
2 L 鲜橙多		10													
2 L 雪碧		16													
百事（听）		20													
美年达（听）		10													
雪碧（听）		10													
红牛（听）		0													
王老吉		0													
苹果醋		10													
农夫矿泉水		10													
总计															

总经理	财务部批准	部门批准	
（已签字）	（已签字）	（已签字）	
发货人	收货人	收货日期	

（4）提货完成之后，核对提货数量，填写盘点表，见表1—33。

表 1—33 　　　　　　　　　盘点表（完成提货后）　　　　　日期：2012 年 05 月 15 日

品名	开吧	购入	转入	转出	销售	收吧
芝华士（12 年）	6	2				
维波罗瓦伏特加	2	0				
杰克丹尼	5	3				
黑方	6	2				
红方	4	4				
百龄坛	6	0				
1.25 L 百事可乐	20	10				
1.25 L 可口可乐	20	10				
1.25 L 雪碧	20	10				
2 L 百事可乐	8	2				
2 L 可口可乐	8	2				
2 L 鲜橙多	10	10				
2 L 雪碧	4	16				
百事（听）	10	20				
美年达（听）	20	10				
雪碧（听）	20	10				
红牛（听）	30	0				
王老吉	30	0				
苹果醋	20	10				
农夫矿泉水	50	10				

检查人：＿＿＿＿　盘点人：＿＿＿＿

二、结束营业后的盘点

1. 操作准备

（1）盘点表（已含开吧盘点表内容）。

（2）酒水饮料若干。

2. 操作步骤

（1）填写售出数量（见表1—34）

1）所填数量以酒吧订单联为依据。

2）需与实际统计数量相同。

表 1—34　　　　　　　　盘点表（填写售出量后）　　　　日期：＿＿年＿＿月＿＿日

品名	开吧	购入	转入	转出	销售	收吧
芝华士（12 年）	6	2			1	
维波罗瓦伏特加	2	0			1	
杰克丹尼	5	3			0	
黑方	6	2			0	
红方	4	4			2	
百龄坛	6	0			2	
1.25 L 百事可乐	20	10			15	
1.25 L 可口可乐	20	10			8	
1.25 L 雪碧	20	10			8	
2 L 百事可乐	8	2			2	
2 L 可口可乐	8	2			1	
2 L 鲜橙多	10	10			16	
2 L 雪碧	4	16			10	
百事（听）	10	20			10	
美年达（听）	20	10			10	
雪碧（听）	20	10			10	
红牛（听）	30	0			20	
王老吉	30	0			10	
苹果醋	20	10			0	
农夫矿泉水	50	10			30	

检查人：＿＿＿＿　　　盘点人：＿＿＿＿

（2）填写调入、调出数量（见表 1—35）

表 1—35　　　　　　　　盘点表（填写调入、调出数量后）　　　　日期：2012 年 05 月 15 日

品名	开吧	购入	转入	转出	销售	收吧
芝华士（12 年）	6	2	0	2	1	
维波罗瓦伏特加	2	0	0	1	1	
杰克丹尼	5	3	0	0	0	
黑方	6	2	2	0	0	
红方	4	4	0	0	2	

续表

品名	开吧	购入	转入	转出	销售	收吧
百龄坛	6	0	0	0	2	
1.25 L 百事可乐	20	10	0	0	15	
1.25 L 可口可乐	20	10	0	0	8	
1.25 L 雪碧	20	10	0	0	8	
2 L 百事可乐	8	2	0	0	2	
2 L 可口可乐	8	2	0	0	1	
2 L 鲜橙多	10	10	0	0	16	
2 L 雪碧	4	16	0	0	10	
百事（听）	10	20	0	0	10	
美年达（听）	20	10	0	0	10	
雪碧（听）	20	10	0	0	10	
红牛（听）	30	0	0	0	20	
王老吉	30	0	0	0	10	
苹果醋	20	10	0	0	0	
农夫矿泉水	50	10	0	0	30	

检查人：_____   盘点人：_____

填写的调进、调出数量以酒水调拨单为依据。

（3）计算应有库存数量

（4）盘点实际库存数量，与应有库存量比对（见表1—36）

1）实际存数的计算。实际存数＝开吧基数＋购入数＋转入数－转出数－销售数。

2）实际存数与酒吧库存数量。实际存数与酒吧库存数量应该相同。一旦发现有出入，应重新核对、清点直至一致。

表 1—36　　　　　　　**盘点表（最终填写完成）**　　　　2012 - 8 - 29

品名	开吧	购入	转入	转出	销售	收吧
芝华士（12 年）	6	2	0	2	1	5
维波罗瓦伏特加	2	0	0	1	1	0
杰克丹尼	5	3	0	0	0	8
黑方	6	2	2	0	0	8
红方	4	4	0	0	2	6

续表

品名	开吧	购入	转入	转出	销售	收吧
百龄坛	6	0	0	0	2	4
1.25 L 百事可乐	20	10	0	0	15	15
1.25 L 可口可乐	20	10	0	0	8	22
1.25 L 雪碧	20	10	0	0	8	22
2 L 百事可乐	8	2	0	0	2	8
2 L 可口可乐	8	2	0	0	1	9
2 L 鲜橙多	10	10	0	0	16	4
2 L 雪碧	4	16	0	0	10	10
百事（听）	10	20	0	0	10	20
美年达（听）	20	10	0	0	10	20
雪碧（听）	20	10	0	0	10	20
红牛（听）	30	0	0	0	20	10
王老吉	30	0	0	0	10	20
苹果醋	20	0	0	0	0	30
农夫矿泉水	50	10	0	0	30	30

检查人：（已签字）　　　　盘点人：（已签字）

（5）盘点表签字留存，交予次日早班。

 学习单元 3　饮料质量检查（含酒吧常见各种饮料的质量要求）

 **学习目标**

➢ 了解酒吧饮料质量检查的意义

➢ 熟悉酒吧饮料质量的检查要素

➢ 掌握不同饮料的质量标准及存储要求

➢ 能够目测检查酒吧库存饮料质量

 **知识要求**

一、酒吧饮料质量检查的意义

饮料作为一种快速消耗品，对保质期和包装质量有着非常严格的要求。一旦包装破损或者过期，可能会对饮用者身体健康造成很大危害。无论为消费者健康考虑还是从酒吧声誉考虑，都应该严格控制售出的饮料质量，确保过关。

二、酒吧饮料质量的检查要素

1. 保质期

必须在保质期内，才可以在酒吧销售。

2. 包装

外包装不得有破损、膨胀等现象。

3. 液体

不得有浑浊或沉淀现象。

三、不同饮料的质量标准及存储要求

不同包装的饮料其质量要求和存储要求也有不同，现列举如下：

1. 玻璃瓶装饮料

玻璃瓶装的饮料通常有烈性酒、果汁、矿泉水及啤酒等。通常酒标是纸质或者塑料膜质地的，也有直接漆刻在瓶身的。此类包装的饮料应该保证瓶身无尘土、无油污；瓶身无破裂；纸质或者塑料膜质地的酒标无褶皱、无脱落、无破损、无污渍，漆刻酒标应该无油污、无划痕；整瓶饮料应该封口完好。

玻璃瓶易碎，因此拿取时应该轻拿轻放；避免长期强光照射；防潮防水；不要冷藏，以防温度过低液体结冰导致瓶身破裂，或者外瓶身出现水滴导致酒标损坏。

2. 听装饮料

听装饮料通常有啤酒、碳酸饮料等。此类包装的饮料应该保证听身无尘土、无油污、无磕碰导致的变形和划痕、无鼓胀。

听装的密封性良好，饮料通常带气，因此禁止倒放，轻拿轻放，不要用硬物磕碰；避强光；保证封口完好。

3. 塑料瓶装饮料

塑料瓶装饮料通常有水、果汁或者茶类饮料等。此类饮料的酒标通常是塑料膜。其质量要求是酒标无脱落、无污渍、无划痕、无褶皱；封口完好；无磕碰导致的变形。

塑料瓶装的饮料应避免强光照射；防水；拿取时禁止磕碰掉落。

4. 纸质包装饮料

纸质包装通常用在果汁饮料和奶制品包装上，此类包装饮料的保质期通常都比较短，因此要格外关注保质期；封口完好；包装无变形；无滴漏；无尘土、油渍；无划痕和变色。

纸质包装饮料通常是矩形的，封口处为了保证密封性都有折角，因此清洁时要尤其注意褶皱处；避免强光照射导致酒标退色。由于这类酒标通常是直接印在包装上并且有塑料膜保护，因此大都不怕水，但是容易变形，因此拿取时小心磕碰。

5. 桶装饮料

桶装饮料如鲜啤等，此类饮料要注意保质期和包装的密封性。

由于这类包装通常使用金属材质，比较结实，因此存放比较容易，但是体积大而且很重，所以搬运时要小心。

有些浓缩果汁或者水是桶装的，但是材质是塑料的，同样体积大而且沉重，所以搬运时既要注意安全也要注意不要磕碰。

 **技能要求**

通过目测检查各类饮料的质量

一、操作准备

1. 准备设备

酒柜、冰箱。

2. 操作工具

各类酒水饮料。

二、操作步骤

1. 将饮料全部从酒柜取出。

2. 检查酒水外包装生产日期。

3. 检查酒水外包装有无破损、膨胀等现象。

4. 检查酒水有无浑浊或沉淀现象。

5. 将符合标准的饮料，按到期时间先后放回酒柜或冰箱，到期日期临近的放在靠外面。

6. 将不符合标准的饮料集中，逐项做报损，填写记录单。

三、注意事项

1. 经常检查酒吧库存饮料质量的工作十分重要，可以有效控制酒吧出售的产品质量。

2. 自觉执行检查酒吧库存饮料质量。

3. 通过经常检查，减少报损，对节约成本有很重要的意义。

【思考与练习】

1. 按照行业要求进行着装。

2. 按照行业要求进行仪容修饰。

3. 独立完成提货流程。

4. 独立完成开吧盘点流程。

5. 独立完成营业后盘点流程。

6. 按照中英文名称识别酒水。

7. 检查饮料质量。

第 2 章

酒吧清洁

　　酒吧清洁是酒吧的重要工作之一。酒吧员工每日都要在清洁上花费大量时间。整洁的环境、卫生的制作空间、清洁透亮的用具不仅是吸引客户的先决条件，也是树立良好形象的必备因素。因此，快速有效地完成清洁工作是每个调酒师的必备技能。

第 1 节　酒吧环境清洁

　　环境的清洁不仅对于客户非常重要，同时也为酒吧员工提供工作的便利和安全。酒吧的格局复杂，区域功能性强，因此不同空间的清洁方法和要求均有区别，在这一节将会对此知识做全面而细致的讲解。

 学习单元 1　酒吧内部清洁

 **学习目标**

➤ 了解酒吧内部环境卫生基本要求及清洁区域划分

➤ 能够清洁酒吧内部陈设、地面

 **知识要求**

一、酒吧内部环境卫生基本要求

酒吧内部环境卫生是指从酒吧的入口处直至酒吧后台所有区域的清洁卫生。

酒吧是为客人提供餐饮服务的公共消费场所之一，卫生是否达标是重要的检验标准之一。酒吧内部卫生是否符合标准不但直接关系到酒吧整体工作和经营的正常运作，同时更关系到客人和工作人员的身体健康。所以酒吧员工应该对酒吧内部环境卫生的清洁要求、具体步骤和检验标准有着清楚的认知，并可以将其正确地运用到实际工作中去。

1. 持证经营

持有效公共场所卫生许可证，亮证经营，按时复核。

2. 每日清洁

每日进行清洁，保持内部环境整洁，室内无积尘，地面无果皮，痰迹和垃圾。

3. 通风良好

场所内通风良好，有机械通风设施，通风口保持清洁无尘。

二、酒吧内部的清洁区域划分

为了明确分工，有针对性地进行清洁工作，可以将酒吧内部进行科学的划分。根据清洁时间及重点的不同可将酒吧内部划分为后台操作区域和客用公共区域。

1. 后台操作区域

后台操作区域是指非工作人员不能进入的专属区域，如吧台内部、餐饮操作间、洗碗间、清洁间、办公室、库房等。

（1）卫生重点

后台操作区域有设备多、空间有限、物品流通频繁等特点。针对上述特点，该区域卫生重点是地面、储物柜、水池、冰箱、微波炉、咖啡机、台面、设备表面和可触安全区域、洗碗机、洗杯机及消防工具箱等。

（2）合格标准

1）地面。干净整洁、无杂物、无水渍、无油渍、无黏滞感、无污痕。

2）储物柜。储物柜表面及内部干净整洁，没有污渍、油渍和水渍，储物柜无缺损，隔离和封闭效果完好。

3）水池。水池周围和水池内部要干净整洁，要求水池内部无茶渍、油渍、垃圾以及污水、积水等，水池台面、外壁和底部要保持干净，上下水均保持通畅。

4）冰箱。内外表面要干净整洁，无污渍、油渍，无尘土，内部无积霜、无异味、无霉菌、无异害，温度计、灯光、制冷均正常。

5）微波炉。内外表面要干净整洁，无油渍、无尘土和无异味。

6）咖啡机。外部要求干净、无尘土、无污渍和水渍，内部无存储咖啡垃圾残渣和废水。

7）吧台内的所有台面。干净整洁，无污渍。

8）其他设备表面和可触安全区域。干净、无污渍。

9）洗碗机和洗杯机。外表光亮整洁、无各种污渍，洗碗机内要求无水碱、污渍、异物及食品的残渣等。

10）消防工具箱。干净整洁。

11）制冰机。外表光亮整洁、无各种污渍。

2. 客用公共区域

在酒吧内除工作人员专属区域外的一切可供客人自由活动的区域，叫做客用公共区域。

（1）卫生重点

客用公共区域的特点是活动空间广、非工作人员多等，因此该区域的卫生重点是地面、桌椅、陈设装饰物、玻璃门窗、卫生间等。

（2）合格标准

1）地面。干净整洁、无杂物垃圾、无水渍、无油渍、无黏滞感、无污痕。

2）桌椅家具。要求桌椅干净整洁、无油渍、无水渍、无破损。

3）陈设装饰物。要求干净整洁。

4）玻璃门窗。要求干净、明亮，无污渍、无水渍和油渍。

 **技能要求**

清洁酒吧内部陈设、地面

清洁工作应该遵循从上到下打扫的原则，以便尘土从高处掉落后，在清理地面时可以将尘土一起清除；还要按照从内到外的顺序打扫，避免无序打扫导致已清洁区域的再次污染。

在进行各项清洁工作之前，要做好个人安全防护工作，比如：穿着专用的清洁工作服，佩戴清洁防尘帽、护目镜和一次性卫生口罩，戴上卫生专用橡胶手套，穿上防滑防水的清洁专用高帮橡胶鞋。操作之前切断一切操作时可能会触碰到的电器电源，在清洁高处前要架稳和固定人字形安全架梯。在清洁区域摆放防滑提示牌等。

一、吧台内部的清洁

1. 操作准备

（1）准备空间

模拟吧台。

（2）准备工具

清洁专用工作外衣、防滑高帮橡胶鞋、橡胶卫生手套、清洁毛巾、清洁桶、餐饮专用消毒液、餐饮专用洗涤灵、冰铲、去垢粉、双面海绵百洁布、扫把、簸箕、拖把、吸尘器、小毛刷、硬毛地刷、撅子、液体喷壶、拖把车、垃圾袋、提示牌、垃圾桶、隔尘盖布、羽毛掸子、人字安全双架梯、灭蝇灯及贴纸。

2. 操作步骤

清洁频率及时段：每日至少彻底清洁一次，通常在关门后进行。基础清洁则应该遵循随使用随清理原则，在每次使用完后将设备表面的污渍、水渍用毛巾擦干净。

（1）清洁高处物品及展柜、酒柜

1）移走物品。将高处的展品、器皿或是挂画取下，小心挪放到清洁操作范围以外比较安全的地方，以免造成在清洁过程中不慎触碰物品使其掉落磕碰至损，或是掉落时伤及他人。

2）擦拭家具。用干净潮湿的毛巾将家具表面的尘土和污渍擦净，再用干净的毛巾擦干水渍。通电的设备切断电源后用干布或羽毛掸子进行清理。

3）清洁装饰物品。通常装饰物都是玻璃器皿或者陶瓷器皿，这类器皿只需要用潮湿的毛巾擦拭除尘去污，然后再用干毛巾擦净即可。如果遇有书画、精美布艺或不宜沾水的装饰物以及展品，可选择羽毛掸子或者清洁专用的清洁气囊进行小心清理。

4）放回物品。要进行检查，并将物品稳妥放回原处。如果是酒水展示台，擦干净的酒瓶应将商标朝外摆放。

（2）清理吧台

吧台不但需要放置客人的饮品，且平时客人的手臂会经常接触吧台，因此经常会有一些汗渍和饮品的残留痕迹。

1）清理。在清理吧台时应先将吧台上的杂物清理干净。

2）擦拭。用半湿的毛巾擦拭一遍后，再用湿毛巾将吧台擦拭干净。

3）擦干。用干毛巾将吧台水迹擦干即可。

（3）清理操作台

操作台常用来制作酒水和饮品，所以必须要保持清洁卫生。

1）清理。规整好物品并清除杂物。

2）擦拭。先用潮湿的毛巾擦拭，再用洗涤灵稀释剂擦拭，重点部位重点擦拭，目的是去油渍和污渍。

3）消毒。用消毒液稀释剂进行全面消毒，再用清水将操作台上的消毒液清洗干净。

4）擦干。用干毛巾擦干即可。

（4）清理水池

1）清理。将水池内的杂物清除干净。

2）检查。检查上下水是否通畅和正常。

3）擦拭。用专用的百洁布蘸上洗涤灵进行擦拭，去掉水池四壁和底部的油渍和污渍。用清水将水池内部全部清洗干净。水池中最容易出现的就是茶渍，如遇顽固茶渍或者污渍，可将水池下水口封好后倒入适量的去垢粉，然后放入热水或温水置水池八分满进行浸泡，最后，将池中水放掉用清水将水池清洗干净即可。

4）疏通。如果水池下水出现堵塞，可将水池放上一些水然后用撅子进行疏通，疏通后将堵塞物及时清理掉。

（5）清理储物柜及抽屉

1）移走物品。将储物柜及抽屉内的物品拿出，放在操作范围之外，然后对家具内进行擦拭清洁。

2）擦拭。用半湿毛巾擦掉灰尘和污渍，用干净毛巾再擦拭干净即可。

3）放回物品。将物品按照原样整齐地分类摆放至柜中或抽屉中，并将柜门或抽屉关好。

4）在清洁时要仔细检查家具有无破损和封闭性是否完好，目的是防止鼠、虫进入。如有破损需要及时修复并对家具进行全面的消毒和清洁擦拭。另外，柜内和抽屉内只能存放物品，不可存放饮品或食品。

（6）清理冰箱

1）断电。在清理冰箱内部时，为了安全和便于除霜需要将冰箱断电。

2）移出物品。将冰箱内全部饮品和食品暂时取出放到干净的台面上或容器里。

3）除霜。用冰铲铲除冰箱内壁上的冰霜，并将这些冰霜清理出冰箱后扔掉。

4）擦拭内部。用经配比稀释后的洗涤灵和消毒液先后进行擦拭，再用半湿的毛巾将冰箱内壁擦拭干净；最后为了避免制冷后继续结霜，需要再用干毛巾将冰箱内的水迹擦干。

5）清洁架子。冰箱内的架子也需要先将冰霜除净，然后用与清洁冰箱同样的方法进行清洁。架子清理完毕后需放回冰箱。

6）擦拭表面。先用潮湿的毛巾将冰箱表面擦拭干净，然后再用干毛巾擦干水渍即可。冰箱门内的密封条容易积土或出现渣子，这时需要用小毛刷蘸上清水轻轻擦拭密封条的每一道缝隙处，直至将密封条内的尘土和渣子清理干净为止，最后用干净毛巾将密封条擦净即可。冰箱外部清理完毕后一定要在冰箱的把手处捆绑或垫置一块半干的经稀释消毒液浸泡过的小毛巾，这样不论谁在开冰箱时手部都会经过适当的消毒处理，以保证食品和饮品的安全使用。

7）放回物品、通电。将饮品和食品一一整齐地按照分类摆放回去，关上冰箱门后再进行通电。在将食品和饮品放入冰箱时一定要检查保质期和生产日期并且检查有无腐坏现象，如有异常应马上进行报损处理，不能再放入冰箱内存放。通电后要检查冰箱是否正常启动，大约 1 小时后要检查冰箱的温度是否一直保持标准冷藏温度值。餐饮操作间的冰箱的清理方法与此一样。

（7）清理微波炉

酒吧的微波炉通常是对饮品和食品进行加热时使用的，所以经常会有油渍和污渍。

1）清洗转盘。首先，将微波炉插销拔下，将里面的圆形转盘取出进行去油去污和消毒清洁处理；用潮湿的毛巾将微波炉内壁进行初步擦拭，然后用毛巾浸蘸经稀释配比好的洗涤灵进行去油去污擦拭处理；再用半湿的毛巾将内部的清洁剂擦净；最后用干毛巾将里面的水迹擦干，再放回清洁好的转盘即可。

2）擦拭表面。微波炉的外表可用潮湿的毛巾先进行擦拭，再用干净毛巾将水渍擦净即可。餐饮操作间的微波炉也用同样的方法进行清理和清洁。

（8）清理咖啡机

由于咖啡机使用频繁，需要随时进行清理。以全自动咖啡机为例，具体操作步骤如下：

1）清理残渣和废水。将咖啡机里的咖啡残渣和废水倒掉，并用清水冲洗干净，然后将残渣盒和废水盒擦净放回咖啡机中即可。如果残渣和废水不能及时清理，会影响咖啡机的正常使用，所以要在使用后随手进行清理。

2）擦拭咖啡机外部。用清水擦拭后擦干即可，如果表面较脏，可先用洗涤灵稀释水擦拭一遍去污。

3）咖啡机内部清理。如果咖啡机内部较脏，调酒师需要通知相关的专业维修人员对咖啡机进行断电拆机清理，不得私自拆机清理以免发生危险或损坏机器。

（9）清理吧台内的垃圾桶

1）处理垃圾。先将垃圾袋封口，取出，以免运送中有漏洒或传出异味的情况发生。将垃圾运送到统一的垃圾处理点扔掉。

2）清洁垃圾桶。用清水将垃圾桶内外、底部和盖部进行清洗，然后用毛巾浸蘸稀释消毒液后对垃圾桶进行消毒清洁，之后再用清水将垃圾桶清洗干净，最后用干毛巾将垃圾桶擦净。

3）放置垃圾桶。将新的垃圾袋套在垃圾桶内，之后再盖上盖儿放回原处即可。使用中的垃圾桶必须随时盖盖儿，与外界隔离保证室内环境卫生。

（10）清理制冰机

1）制冰机断电。先将制冰机断电，将储冰仓盖儿盖好。

2）制冰机清洁。用潮湿的毛巾将机器表面进行擦拭清洁，再用干毛巾将机器表面的水迹擦净，最后再将电源接通即可。

在清洁过程中不能有水浸入机器内部，否则接通电源后可能会出现短路甚至安全事故。在清洁时的清洁用水也不能流入储冰仓，否则会影响食品安全卫生。

（11）清理吧台内地面

1）清理杂物。先将吧台内地面上的杂物清理干净。

2）清洁。用吸尘器将地面进行初次吸尘和清洁，如遇有食品包装垃圾或其他固体块状垃圾无法使用吸尘器处理的，可用扫把和簸箕进行单独清理，清扫前洒上少许清水，清扫时动作一定要轻，以免扬尘。根据地面的质地和脏浊程度进行下一步的清洁。以普通的水泥地面为例，首先用半干的拖把进行擦拭，之后在地面上均匀地喷洒适量的洗涤灵稀释液对地面再进行一次去油去污处理，最后再用干拖布将地面再次擦拭一遍，这是为了清洁地面残余的水迹。

清理地面时要遵循从里到外的清洁顺序，另外要摆放防滑指示牌。

（12）放置灭蟑灭鼠工具

粘板的主要作用是杀蟑灭鼠，应放置在不影响他人行走和工作的边角处。一旦发现有蟑、鼠被粘住，一定要在第一时间将粘板进行更换。

（13）清理灭蝇装置

1）贴纸型灭蝇灯清理。贴纸型灭蝇灯在清理时，将粘有蚊蝇的粘板换掉即可。

2）电触式灭蝇灯清理。清理时先将灭蝇灯断电，将灭蝇灯底部的虫槽取出，将蚊虫的尸体清理掉，并将虫槽进行清洗擦净后重新安回到灭蝇灯上，再将灭蝇灯重新挂放好，最后将电源接通即可。

二、餐饮操作间的清洁

餐饮操作间是制作餐饮产品的专用操作间，卫生要求很严格。

清洁频率及时段：每周至少彻底清洁一次，可以在开业前、休餐时段或关门后进行。基础清洁则应该遵循随使用随清理原则，在每次使用完后将设备表面的污渍、水渍用毛巾擦干净。

1. 操作准备

（1）操作空间

模拟餐饮操作间。

（2）操作工具

清洁专用工作外衣、清洁专用防水防滑高帮橡胶鞋、橡胶卫生手套、一次性卫生口罩、护目镜、清洁毛巾、毛巾清洁桶、餐饮专用消毒液、餐饮专用洗涤灵、去垢粉、食品专用保鲜膜、双面海绵百洁布、扫把、簸箕、拖把、拖把车、大中小各号垃圾袋、小毛刷、撇子、液体喷壶、提示牌、垃圾桶、胶皮输水管、可调式水喷头、人字形安全双架梯。

2. 操作步骤

（1）清洁食品货架

1）移走物品。将食品货架上的食品移开挪到卫生操作范围以外，以免影响卫生清洁工作。

2）清洁。用毛巾蘸上清水进行擦拭，再用洗涤灵进行整体擦洗，之后用稀释的消毒液进行消毒擦拭，最后用潮湿的毛巾进行第四遍清洁擦拭；如果货架有边角不好清理，可以用细毛刷蘸上水或者洗涤灵等清洗液进行清洗，之后擦干即可。

3）放回物品。将食品或饮品依次按照种类和顺序放回货架上。

（2）清理洗涤池

洗涤池是用来对瓜果蔬菜进行清洗和清洁的地方，所以必须要保持干净。具体请参照吧台内部水池清洁步骤。

（3）清洁操作台

（4）清洁灶台

1）清理杂物。将灶台断气闭火，将灶台上的食品残渣以及杂物清理干净。

2）清洁灶台。将洗涤灵液洒在灶台油污比较重的地方，用半湿的毛巾擦拭，油渍去掉后将洗涤灵清洗干净；之后用稀释过的专用消毒液喷洒在灶台上进行消毒；最后用半湿毛巾将灶台上的消毒液擦拭干净即可。

在进行清洁时，相关的清洗液以及清洗工具必须要远离食品。在进行餐饮操作间清扫时所有食品必须全部挪到清洁范围以外的安全区域，全部进行封盖隔离存放，绝不能裸露在正在清洁的区域。

（5）清洁消防灭火器专用箱

1）清理杂物。先将消防灭火器专用工具箱打开，将灭火器及其他工具暂时全部取出，然后将工具箱中的杂物或垃圾彻底清出。

2）清洁内部。用吸尘器将里面的尘土洗干净，再用潮湿的毛巾将箱体内和外部四周以及箱底和箱盖进行初步擦拭。用经过清水浸泡的毛巾拧成半干对整个里外侧的箱体进行清洁擦拭。最后用干毛巾将箱体的水迹擦干即可。

3）清洁外部。灭火器的表面用半湿的毛巾将尘土擦拭干净，之后再用干毛巾将罐体表面的水迹擦净即可。清洁时避免剧烈磕碰。

不论是箱体还是罐体要将水迹擦净以免生锈。

（6）清洁地面

餐饮操作间地面的清洁工作同吧台区域地面清洁，但油渍污渍较重，因此每道工序都要更全面、彻底。

1）清理杂物。清洁地面时应先将地面的杂物和垃圾清理干净。

2）清洁。用洗涤灵和稀释消毒液先后对地面进行去污去油和消毒处理，然后用清水将地面清洗干净。最后用清洁工作专用的吹风机对地面进行快速吹干。

注意摆放防滑提示牌，清洁过程中动作要轻，避免扬尘。

（7）清洁垃圾桶。

（8）放置灭蟑灭鼠工具。

（9）清理灭蝇装置。

三、洗碗间的清洁

洗碗间主要是清洁餐具和杯具的地方，其自身的卫生标准也非常严格。

清洁频率及时段：每日至少彻底清洁一次，通常在关门后进行。基础清洁则应该遵循随使用随清理原则，在每次使用完后将设备表面的污渍、水渍用毛巾擦干净。

1. 操作准备

（1）操作空间

洗碗间。

（2）操作工具

清洁专用工作外衣、清洁专用防水防滑高帮橡胶鞋、橡胶卫生手套、一次性卫生口罩、护目镜、清洁毛巾、餐饮专用消毒液、餐饮专用洗涤灵、去垢粉、双面海绵百洁布、扫把、簸箕、拖把、拖把车、大中小各号垃圾袋、小毛刷、撅子、液体喷壶、提示牌、垃圾桶、胶皮输水管、保鲜膜、可调式水喷头。

2. 操作步骤

（1）清洁垃圾桶。

（2）清洁水池。

（3）清洁洗碗机或洗杯机。

1）断电。将电器断电。

2）清洁外部。用半湿的毛巾对洗碗机或洗杯机的外部进行清洁和擦拭，如遇有污渍、油渍较重的地方可以用毛巾蘸上洗涤灵稀释液进行重点擦拭；再用毛巾蘸上清水拧成半干将洗涤灵稀释液擦净即可。清理时，机器顶部的电机盒千万不能沾水，否则会有电器短路的危险。

3）清洁内部。外部清理完毕后，将机器的清洗舱的舱盖打开，将里面的食品残渣或饮品残迹以及其他杂物清理出来扔掉，将洗碗机或洗杯机内用过的水全部放掉；将洗涤灵稀释液倒在舱底后用百洁布擦拭；再用清水将洗碗舱内的洗涤灵稀释

101

液冲洗干净。

4）换水。将机器内的下水阀门关闭，再将清洗舱的舱盖盖好之后，接通电源启动自动上水功能，目的是换上干净的清水。

5）高温消毒。待洗碗机的上水完毕后洗碗机或洗杯机将会启动升温，当温度达到85摄氏度时，再将清洗开关打开让洗碗机或洗杯机空转，目的是再进行一次高温清洁，当高温清洁完毕后，洗碗机或洗杯机的清洁工作才算完成。

（4）清洁洗碗间地面。

（5）清洁脏餐台和净餐台。

脏餐台是指用过的有待清洁的餐具撤下来等待清洗时放置的地方。净餐台是指已经清洗消毒过的干净餐具放置的地方。不论是净餐台还是脏餐台都要有各自的中英文说明和图片在明显的地方标识清楚，绝不能混用。

（6）放置灭蟑灭鼠工具。

（7）清理灭蝇装置。

四、办公室的清洁

办公室是工作人员经常出入的地方，所以员工在打扫卫生时也要注意卫生的质量和打扫的细节。

清洁频率及时段：每周至少彻底清洁一次，可以在开业前、休餐时进行。基础清洁则应该遵循随使用随清理原则，在每次使用完后将设备表面的污渍、水渍用毛巾擦干净。每日要进行基本的清洁维护。

1．操作准备

（1）操作空间

酒吧办公室。

（2）操作工具

清洁专用工作外衣、清洁专用防水防滑高帮橡胶鞋、橡胶卫生手套、一次性卫生口罩、护目镜、清洁毛巾、毛巾清洁桶、医用酒精棉、双面海绵百洁布、扫把、簸箕、拖把、拖把车、大中小各号垃圾袋、吸尘器、防滑提示牌、垃圾桶。

2．操作步骤

（1）清洁室内物品及家具

1）移出杂物。清理办公室内的杂物，将家具、桌面上的物品挪开防止影响操作。

2）清洁家具。在清洁时先用毛巾沾清水将家具擦拭干净，再用干毛巾将家具表面的水迹擦干即可。

3）物品归位。将物品依次归回原位。

（2）清洁电话。

办公室内的电话应每天用酒精棉进行全面消毒。

（3）清洁垃圾桶和清理杂物。

（4）清理地面。

（5）放置灭蟑灭鼠工具。

（6）清理灭蝇装置。

五、清洁间的清扫

清洁频率及时段：每日都要进行日常清洁，每周做一次彻底清洁，可在营业前或结束营业之后进行。

1. 操作准备

（1）操作空间

清洁间。

（2）操作工具

清洁专用工作外衣、清洁专用防水防滑高帮橡胶鞋、橡胶卫生手套、一次性卫生口罩、护目镜、清洁毛巾、毛巾清洁桶、餐饮专用消毒液、餐饮专用洗涤灵、去垢粉、空气清新剂、大水桶、双面海绵百洁布、扫把、簸箕、拖把、拖把车、大中小各号垃圾袋、吸尘器、小毛刷、硬毛地刷、洁厕刷、撅子、液体喷壶、提示牌、垃圾桶、胶皮输水管、可调式水喷头、人字形安全双架梯。

2. 操作步骤

（1）清理杂物

在对清洁间进行清洁时，先将清洁间内的所有没用的杂物和垃圾清除干净；然后将清洁间里的所有清洁用具全部取出，并且按类别摆放整齐。

（2）清洁所有清洁工具

1）小件清洁用品的清洁。用注满清水的大桶对所有的清洁毛巾、清洁海绵、毛刷等小件清洁工具做分类后的初步清洗，清洗顺序是：先浸泡再搓洗；然后新换一桶清水倒入适量的洗涤灵，使洗涤灵充分溶解到水中，再将这些清洁用的棉织品、清洁海绵或小件清洁用具放入里面进行清洗，目的是洗去油渍污渍；待去油去污步骤完成后将它们捞出来，第三次换上清水再按照水量倒入适量的消毒液使其充分地溶于水中，将清洁用的棉织品和小件清洁用品再放入消毒液中进行适当的浸泡，使其进行充分的消毒；浸泡完毕后，要戴上橡胶手套将消毒水中的小件清洁用品捞出；最后换上清水进行最后的清洗和清洁。

2）扫把的清洁。先将扫把前端附着的杂物和灰尘清理干净，然后用消毒水进行消毒，再用清水冲洗干净将扫把晾干即可。

3）拖把的清洁。将拖把前端的拖把头放入清水中进行清洁，然后分别用洗涤灵水和消毒液进行去油去污和消毒的清理，最后再用清水将其冲洗干净晾干即可。

4）拖把车的清洗。首先将拖把车斗里的污水倒掉，然后用清水将水斗进行初步清理，再把经过稀释和配比好的消毒液倒入水斗中进行浸泡和消毒，同时用浸有消毒液的毛巾擦拭外面。待浸泡消毒完毕后方可将消毒水倒掉，然后用清水将拖把车里外清洗干净即可。需要注意的是，拖把车的清理重点虽然是清洗拖把用的水斗，但是拖把车的其他部位如车底、车轮和车把手同样需要消毒处理和清洁擦拭，这些小细节往往容易被忽略。

（3）清洁水池

（4）清洁物品放置架

首先要将架子上的东西挪走，然后用清水对架子进行初步清洗，之后再用毛巾蘸上稀释消毒液进行仔细的消毒擦拭处理。消毒步骤完成后可用清水将架子冲洗干净，最后擦干即可使用。

（5）清洁地面。

（6）放置灭蟑灭鼠工具。

（7）清理灭蝇装置。

六、清扫库房

库房是用来专门存放食品和物品的地方。库房的卫生直接影响到食品和相关物品的卫生安全。

清洁频率：每周至少要对库房进行一次全面清理与检查。在营业期间，可以根据需要对某方面进行着重有效的清洁打扫或进行全面的日常卫生维护。

1. 操作准备

（1）准备空间

库房。

（2）准备工具

清洁专用工作外衣、清洁专用防水防滑高帮橡胶鞋、橡胶卫生手套、一次性卫生口罩、护目镜、清洁毛巾、毛巾清洁桶、餐饮专用消毒液、餐饮专用洗涤灵、去垢粉、大水桶、双面海绵百洁布、扫把、簸箕、拖把、拖把车、大中小各号垃圾袋、吸尘器、液体喷壶、防滑提示牌、垃圾桶、人字形安全双架梯。

2. 操作步骤

（1）清理备用货架

1）清理并检查货架。将库房内的备用货架或者是空货架进行清理，先要检查备用货架是否有硬伤，是否影响盛放物品，还要检查货架的稳定性是否可靠。如遇有货架出现硬伤或者不能平稳放置，应马上选择其他合格的货架使用，不得勉强使用，否则货架一旦出现倒塌，轻则使物品损坏带来损失，重则可能会压倒伤人。

2）除尘去污消毒。用潮湿的毛巾将空货架进行除尘的初步擦拭，然后再用干净的毛巾浸入洗涤灵稀释液中，拧成半干再对货架整体进行进一步除油去污处理。用一条毛巾浸入消毒剂稀释液，拧成半干再对货架进行全面的消毒擦拭，当消毒处理完成后再用一条毛巾沾上清水浸湿，拧成半干后对整个架子进行全面的清洁擦拭即可。如果是金属货架一定要检查架子上有没有脱漆现象。如果有的话，要在脱漆处用干毛巾将水迹擦干，以防生锈，之后要做补漆处理。

（2）货品清洁与安置

当备用货架清理完毕后，可以将承载货品的货架上的货品临时转放到备用的空货架上。

1）移走物品。转放的同时需要做到每放一件就检查一下包装是否完好，并做除尘消毒处理。常规物品中，除了纸制包装和布质包装不宜用湿布擦拭外，其他的包装，如玻璃、塑料、瓷质品等均可以依次使用洗涤灵稀释液、消毒液稀释剂、湿毛巾等进行清洁。如遇到不能沾水的包装，可以用干布或者掸子进行除尘处理，如果这类不便沾水的包装上有油渍或者污渍，要将其放在干净的经过清洁的临时包装内进行存放，比如塑料包装盒或者整物箱，并且要在外部的替换包装上贴提示标识，标识其内部的物品名称、数量、规格等情况。

2）检查并清洁物品。如果是食品或者饮品，首先要检查包装是否完好，是否处于密封状态。然后根据外包装的质地不同选择不同的清理办法，如果是普通包装，如金属、塑料或者玻璃，在包装密封都毫无缺损的情况下，可以用半湿的布进行擦拭和清洁，然后再用干净的布巾擦拭干净即可。不能用洗涤灵稀释液和消毒剂稀释液，因为这些都是化学制剂，不能直接接触食品的包装。否则包装一旦出现密封不好或渗透，都会给食品卫生安全带来很严重的影响。

如遇有不能受潮的干鲜食品，一定要用干净的干毛巾对其外包装进行清洁。遇有米和面之类的食品千万不能沾水或者受潮，要将放米和面的货架擦干净，不能有任何潮湿或沾水的地方，只需要用干净的干毛巾稍微擦拭去尘即可。

（3）清洁常用货架

常用货架的清洁与备用货架的清洁方法步骤完全一致。当整个货架全部清理完毕后，要将备用货架上的物品再挪回原来的货架上。如果在搬运过程中物品不慎掉落在地面上一定要对物品重新进行检查和清理后才可放回货架上。

（4）清洁库房地面。

1）清理杂物。将地面的杂物清理掉。

2）清洁。只能用吸尘器吸尘，不能用扫把，因为扫把在清扫时会有扬尘，扬尘会落到食品上；吸尘完毕后要用洗涤灵稀释液浸湿专用的毛巾拖把并挤成半干，对地面进行全面的去油去污处理；之后再沾上消毒液稀释剂浸湿后挤成半干，对地面进行消毒；最后再用清水浸湿拖把并挤成半干对库房的地面进行清洁。

如果是盛放米面和干品的库房地面，除了以上的操作步骤外，最后还要用干布拖把或者干毛巾将地面上的残余水迹擦干。千万不能用清洁吹干机吹风，否则会引起扬尘。

（5）放置灭蟑灭鼠工具。

（6）清理灭蝇装置。

七、吧台外部（客用区域）的公共区域的清洁

清洁频率及时段：每日开业前、关门后各进行彻底清洁一次，营业期间做基础的卫生维护。

1. 操作准备

（1）操作空间

客用公共区域。

（2）操作工具

清洁专用工作外衣、清洁专用防水防滑高帮橡胶鞋、橡胶卫生手套、一次性卫生口罩、护目镜、清洁毛巾、毛巾清洁桶、餐饮专用消毒液、餐饮专用洗涤灵、双面海绵百洁布、扫把、簸箕、拖把、拖把车、液体喷壶、防滑提示牌、垃圾桶、人字形安全双架梯。

2. 操作步骤

（1）清理墙壁挂饰和玻璃门窗

首先在清理挂饰时要根据不同挂饰的质地用不同的方法进行清洁，如果是玻璃、陶瓷、塑料等不忌水的饰品，可以用毛巾沾清水进行清洁并最后用干净毛巾擦净即可。如果是纸艺纸品、油画、图片、布艺等忌水的装饰物，可用羽毛掸子进行清洁。

在清理玻璃门窗时，要先将玻璃或镜面上的尘土擦净，然后用干净的毛巾沾清水对玻璃或镜子进行清洁，最后用干布擦净即可。

（2）清洁家具

首先将家具所有装饰物品和小型绿植取下，再用半湿毛巾擦拭家具，擦拭完毕后用干毛巾将水迹擦干即可。

（3）清理小饰品

先将桌面和台面的小饰品和小绿植收集整齐，统一进行清理。小绿植可用喷壶调成水雾挡对其进行清理即可。其他小饰品的清理原则和步骤与清理墙壁挂饰一致。

（4）清洁桌椅

首先对桌子上的垃圾和杂物进行清理，然后用半湿的毛巾对桌面进行清洁擦拭，最后用干净毛巾将桌面上的水迹擦干即可。

清洁椅子时，首先要注意座椅的材质，若是不忌水的质地，如漆面木质、金属、塑料等，可先用湿毛巾擦拭，再用干毛巾将水迹擦净即可。如果是皮革面的沙发可用略带潮湿的毛巾轻轻擦拭，再用干毛巾擦干即可。

将桌椅和家具统一清理完毕后，再将清理好的小饰品、小绿植以及相关物品放回家具中或桌面上。

（5）清洁电器表面

公共区域内的电器一般主要指立式空调、电视机等。首先要将电器进行断电，用干净柔软的干毛巾将电器表面的尘土擦拭干净即可，然后再将电源接通。

（6）清洁地面

首先应将地面的垃圾和杂物进行清理，然后根据地面的不同质地和材料进行清洁：

1）地毯。将垃圾和杂物清理干净后用吸尘器进行清洁。如果地毯上不慎撒上饮品或者沾上油污，首先要用干布对污染处进行覆盖处理，既吸走部分污染液体，又能保护地毯受污处不被踩踏受到二次污染。再用专业的清洗液和专业地毯清洗机清洗。

2）大理石。先将垃圾和杂物进行清理，然后用吸尘器将尘土吸净，再用干净潮湿的毛巾拖把对地面进行擦拭，擦拭时可适当地在地面上喷洒少许清水以便擦拭干净，最后用毛巾拖把将地面水迹擦干即可。如果有污染液体如饮料或油污不慎洒到地面上，马上用干毛巾或干布覆盖污处吸收部分污染液体，再用专业的清洗液和专业清洗机清洗。

地毯或者大理石地面不能够用有腐蚀性的非专用清洁剂进行清洁。

3）木地板。先将地面的杂物清理干净，然后用半潮湿的毛巾托把对地面进行清洁擦拭，清洁擦拭完毕后需要用干毛巾托把将地面水迹擦拭干净。要在清洁完的区域放置防滑指示牌，提示他人注意行走安全。

（7）喷洒空气清新剂

在客用区可适当喷洒少许空气清新剂以便使室内空气带有略微的香气和清新感。在喷洒空气清新剂时，注意不要离客人太近。空气清新剂在喷洒时更要远离食品和饮品。

（8）清理灭蝇装置。

学习单元2　酒吧外部公共区域的清洁

学习目标

➤ 了解酒吧"门前三包"的责任划分及区域范围

➤ 熟悉"门前三包"的卫生要求

➤ 能够清洁酒吧外部公共区域

知识要求

一、门前三包的责任划分及区域范围

1. 责任划分

纵向为建筑物沿街的总长，横向为建筑物（包括围墙）的墙基至车行道。具体范围由街道办事处、市政府界定。

2. 管理制度

（1）包门前卫生

负责门前的清扫、保洁、随脏随扫，全天保洁。不随地吐痰，乱扔烟头、纸屑、果皮等废弃物；严禁将生产垃圾倾倒在路边或倒入溪、坑；生产的废弃物有秩序、集中处理，雨后清泥，雪后扫雪，清除杂草。

（2）包门前秩序

严禁门前乱堆乱放、乱停车辆、乱挖乱占、乱搭乱建、乱泼污水等，保持门前秩序井然。

（3）包门前容貌

保持责任区域内建筑物、构筑物的内壁、门前、橱窗等整洁卫生，维护门前栏杆、垃圾箱、电杆、行道树木等不受损坏，广告、宣传资料集中张贴，严禁乱写乱画、乱贴乱挂等行为。

二、酒吧门前三包的卫生要求

1. "一包"门前市容要求

整洁，无乱设摊点、乱搭建、乱张贴、乱涂写、乱刻画、乱吊挂、乱堆放等行为。

2. "二包"门前环境要求

卫生整洁，无裸露垃圾、粪便、污水，无污迹，无渣土，无蚊蝇滋生地。

3. "三包"门前责任区内的设施、设备和绿地的要求

整洁，无缺失，无遮挡，无破坏。

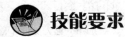 **技能要求**

清洁酒吧外部公共区域

一、操作准备

清洁频率及时段：每日开业前和休餐时段需要进行清洁。在营业期间要随时巡视，适当维护。

1. 准备空间

模拟门前三包责任区。

2. 准备用具

毛刷、小铁铲、长把扫帚、簸箕、消毒液、水桶、垃圾桶、毛巾、长把地刷、浇灌绿植的水壶、铁铲、驱虫剂、人字双架安全梯。

二、操作步骤

1. 清理垃圾

（1）清理地面杂物

用扫帚对门前三包区域范围内的所属地面包括绿植园做全面的清理，再将清理出的垃圾倒入垃圾桶中，并将垃圾桶盖好。

（2）检查设施是否需要维修或更换

门前地面的井盖需检查是否盖好或有破损，一旦出现异常，首先要设立警示标志让行人绕行，然后马上报知相关部门进行维修或更换。

（3）清理高处杂物

如遇有树干或高处有挂住的垃圾，比如纸张、塑料袋等，可登上人字双架梯进行清除。

（4）清除小广告

如遇有违法张贴的小广告，可先用清水将其完全浸湿，之后再用毛刷和小铁铲将其清除。

2. 清理地面

（1）摆设防滑指示牌

摆放防滑提示牌直至路面彻底清洁完成，以便提示行人。

（2）清理便道

1）石砖或沥青地面的清理。在清扫完成后可将清水适量均匀地洒到地面上，再用长把地刷对地面进行刷洗，之后将地面上的水清扫到下水沟中或清扫到簸箕中倒掉即可。夏天为了驱虫消毒，也可在擦洗地面的清水中放入适量的消毒液。

2）大理石类地砖的地面清理。用湿拖把将地面擦拭干净，在较脏的地方适当喷洒些清水以便更易于清理。清理完毕后用干拖把将地面擦干即可。

（3）清理绿地

将喷水壶或喷水管调成水雾挡对绿地进行水雾喷洒。秋冬季节枯草较多时还应当清理杂草落叶。

3. 垃圾清运

将垃圾桶里的垃圾统一运送到清洁站指定地点进行倾倒，并由清洁站统一进行处理。

4. 防虫

在责任区边角处和蚊虫容易滋生的地方喷洒上驱虫剂或杀虫剂以防止蚊蝇的滋生。

三、注意事项

以城市公共区域卫生标准为标准，认真做好各项清洁、保洁工作。

第 2 节 酒吧用具清洁

酒吧用具种类繁多，仅仅基础杯具就达十几种，而且形状多样，很多又是易碎材质，因此清洁技巧是此节的关键。同时，一种用具的清洁方法也可以根据条件来调整。检验清洁是否合格的标准非常苛刻，只有多多实践才能够真正掌握技巧。

 ## 学习目标

➤ 了解调酒用具的卫生要求
➤ 熟悉调酒用具的清洁方法
➤ 掌握酒吧洗杯机的使用方法及杯具的擦拭方法
➤ 能够进行调酒用具的清洗和消毒

 ## 知识要求

一、调酒用具的卫生要求

调酒用具分为瓷器、玻璃器皿、各类调酒服务用具三大类。瓷器的卫生要求是清洁干燥、无缺口、无破损。玻璃器皿的卫生要求是光亮透明、无油迹、无指纹、无破损。各类调酒服务用具的卫生要求是清洁干净、分类放置。

二、调酒用具的清洁方法

调酒用具主要包括调酒壶、量酒器、吧匙、吧刀等工具。调酒用具通常由不锈钢制成，调酒用具清洁与否直接关系到酒品的卫生和宾客的健康，因此每次使用过后都必须清洗擦净，以备下次再用。

在开吧准备工作中，清洁调酒用具也是一项非常重要的工作。每天开吧营业前都必须将各种调酒用具彻底清洗、消毒以备营业中使用。

1. 杯具的清洁方法

杯具是酒吧最主要的服务设施之一。由于酒吧使用的杯具种类较多，质地和形状各异，杯具的清洁就成为酒吧开吧准备和日常对客服务的主要工作内容之一。

酒吧使用的杯具通常是在酒吧直接清洗，或送至酒吧临近的洗涤区域清洗，只有极少数酒吧会将使用的杯具拿到饭店的洗碗间集中洗涤、消毒。

2. 酒吧器具的消毒方法

酒吧器具常用的消毒方法有高温消毒法和化学消毒法两种，凡有调酒的酒吧都要采用高温消毒法，其次才考虑化学消毒法。

（1）高温消毒法

常见的高温消毒方法有三种：

1）煮沸消毒法。煮沸消毒法是最常见的一种消毒方法，也是公认的简单、可靠的消毒方式。具体方法是将需消毒的器皿放入水中后，加温将水煮沸，水煮沸后持续 2～5 分钟就可以达到消毒的目的。

在使用煮沸消毒法对器皿进行消毒时，必须注意几点：第一，器皿要全部浸没在水中，这样才能使器皿得到彻底消毒。第二，消毒时间是从水沸腾开始计算。第三，水沸腾过程中不能停止，不能降温，否则就达不到较好的消毒效果。

煮沸消毒法尤其适用于调酒用具及其他不锈钢用具的消毒。

2）蒸汽消毒法。蒸汽消毒法是在消毒柜（车）上接通蒸汽管，通过饱和的热蒸汽对器皿进行杀菌的消毒方法。一般要求蒸汽的温度在 90℃，消毒时间为 10～15 分钟。

使用蒸汽消毒法进行消毒时要注意两点：第一，消毒前须检查消毒柜（车）的密封性能是否完好，尽量避免消毒柜（车）漏气而降低消毒效果。第二，堆放在消毒柜（车）中的器皿之间要留有一定的间隙，以利于蒸汽能在器皿间流通，达到消毒的目的。

3）远红外线消毒法。远红外线消毒法又称为电子消毒法，也属于热消毒的一种，它是使用远红外线消毒柜，在 120～150℃的持续高温下消毒 15 分钟，基本可以达到消毒杀菌的目的。

远红外线消毒法现在越来越多地被饭店使用，特别是酒吧，由于操作场地较小，选择相应规格的电子消毒柜既不占地方，同时又能达到器皿消毒的目的，一举两得。此外，采用远红外线消毒法既卫生方便，又易于操作，这也是该消毒法广受青睐的重要原因之一。

（2）化学消毒法

酒吧与其他餐厅场所一样，一般不提倡采用化学消毒法对酒吧器皿进行消毒，但在没有高温消毒的条件下，可考虑采用化学消毒法。

化学消毒法通常是采用化学药物加水稀释至一定浓度后浸泡器皿，达到消毒杀菌的目的。目前市场上使用的化学消毒剂种类很多，较常见的有氯制剂，使用时用含量为 1‰的溶液将器皿浸泡 3～5 分钟即可。

3. 特别提示

（1）酒吧器具必须分类洗涤，特别是杯具等玻璃器皿不可和瓷器、不锈钢用具混淆在一起，这样容易造成杯具等破损，增加经营成本。

（2）各类器皿洗涤、消毒后必须妥善保管，减少二次污染。

（3）无论采用何种消毒方法对酒吧器具进行消毒都必须注意操作安全，尽量减少不必要的人身伤害和财产损失。

（4）采用化学消毒法消毒的器具必须充分漂洗干净，不可在器具上残留任何消毒液剂，以免影响酒品的出品质量和危及客人的身体健康。

三、酒吧洗杯机的使用方法

常见的洗杯机有卧式洗杯机（见图 2—1）和旋转式洗杯机（见图 2—2）两种。

图 2—1　卧式洗杯机

洗杯机中有自动喷射装置和高温蒸汽管。较大的洗杯机可放入整盘的杯子进行清洗。一般将酒杯放入杯筛中再放进洗杯机里，调好程序按下电钮即可清洗。有些较先进的洗杯机还有自动输入清洁剂和催干剂装置。洗杯机型号各异，可根据需要选用。如较小型的旋转式洗杯机有两个并排的小桶，毛刷桶和喷洗桶底部有一个互通的管道，可以与自来水连接。

图2—2　旋转式洗杯机

四、酒吧杯具的擦拭方法

擦杯具时，要用酒桶或容器装热开水（80％满），将杯具的口部对着热水（不要接触），让水蒸气熏杯具，直至杯中充满水蒸气时，用清洁和干爽的专用擦杯布擦拭。左手握杯具的底部，右手拿擦杯布塞入杯具中擦拭，擦至杯中无水气、杯子透明净亮为止。擦干净后要对着灯光照一下，看看有无漏擦的污点。擦好后，手指不能再碰杯具内部和上部，以免留下痕印。

※**特别提示：**

1. 在擦拭杯具的过程中，必须采用吸水好的擦杯布来擦拭，不得用餐厅里的口布和台布擦拭，因为口布、台布吸水不好且掉毛，擦完后会在杯具上留下很多布毛，使得杯具不光亮、不清洁。

2. 在擦拭杯具的过程中，要注意将擦杯布一角全部填充进杯中，其余擦杯布要包住杯子，左逆右顺旋转，数次后打开，手拿杯具底部对着灯光照一下，是否光亮清洁。

3. 在擦拭杯具的过程中，要注意用力不能过猛，防止扭碎杯具。

 技能要求

一、调酒用具的清洁（手洗）

1. 操作准备

酒吧需清洁的用具包括瓷碟、调酒壶、吧匙、果刀、塑料盒、砧板、烟缸、茶杯、咖啡盘、咖啡机等。

清洁工具包括84消毒液、洗涤灵、百洁布、胶皮手套、清洗用水。

2. 操作步骤

（1）冲洗

用清水将各种调酒用具冲洗一遍。

（2）浸泡、漂洗

用清洁剂将调酒用具浸泡数分钟，然后再清洗干净。对调酒壶、量酒器内侧需用百洁布仔细擦洗，不留任何污渍和酒渍。调酒壶的过滤网容易残留酒渍，清洁时需要重点洗刷。

（3）消毒

将经过洗涤的调酒用具放入专用消毒剂或电子消毒柜中消毒。

（4）洗净擦干

若酒吧采用化学消毒法，则需将经过消毒的调酒用具取出，用清水洗净、擦干。若采用电子消毒法消毒，则只需将消过毒的调酒用具从电子消毒柜中取出，放在干净的工作台备用。在一些较正规的酒吧，吧匙通常是放在苏打水中保存，随用随取。

（5）检查

通过目视检查调酒用具的卫生状况和完好程度。要求用具无污垢、无水痕，具有光泽；同时要求所有用具无破损、无变形。

3. 注意事项

轻拿轻放，注意安全。

二、调酒杯具清洗方法

1. 操作准备

酒吧需清洁的杯具包括鸡尾酒杯、古典杯、卡伦杯、高杯、白兰地杯、红酒杯、香槟杯等。

清洁工具包括百洁布、胶皮手套等。

洗涤液包括 84 消毒液、洗涤灵、清洗用水。

2. 操作步骤

杯具洗涤的基本步骤为五步：一冲、二洗、三消毒、四擦干、五检查。

（1）冲洗

1）首先将杯中的剩余酒水饮料、鸡尾酒的装饰物、冰块等倒掉。

2）然后用清水简单冲刷一下。

（2）浸泡清洗

将经过预洗的杯具在放有洗涤剂的水槽中浸泡数分钟，然后再用百洁布分别擦洗杯具的内外侧，特别是杯口部分，确保杯口的酒渍、口红等全部洗净。对一些海波杯、柯林杯等高身直筒杯，一些高档次酒吧配备了专门的自动洗杯毛刷机来清洗杯具的内侧和底部。

（3）消毒

洗净的杯具有两种消毒方法，一种是化学消毒法，即将清洗过的杯具浸泡在专用消毒剂中消毒；另一种是电子消毒法，即将杯具放入专门的电子消毒柜进行远红外线消毒处理。

（4）擦干

经过洗涤、消毒（电子消毒的杯具除外）的杯具必须放在滴水垫上沥干杯上的水，然后用干净的擦杯布将杯具内外擦干，倒扣在杯筐或杯具储存处备用。

（5）检查

通过目视检查杯具的卫生状况和完好程度。要求杯具无污垢、无水痕，具有光泽；同时要求所有用具无破损。

3. 注意事项

轻拿轻放，注意安全。

三、擦杯具的方法

1. 操作准备

酒吧各种酒杯：鸡尾酒杯、古典杯、卡伦杯、高杯、白兰地杯、红酒杯、香槟杯等。

擦杯工具：专用擦杯布。

2. 操作步骤

（1）擀杯子

1）要用酒桶或容器装热开水（80％满）。

2）拿杯子的底部，将杯子浸入水中清洗。

（2）擦杯子

1）将洗干净的杯子拿起（见图2—3）。

图2—3　将杯子拿起

2）拿起清洁干爽的专用擦杯布（见图 2—4）。

图 2—4　拿起专用擦杯布

3）将擦杯布一角全部填充进杯中（见图 2—5）。

图 2—5　将擦杯布一角填充进杯中

4）剩余部分的擦杯布要包住杯子。注意双手不能接触杯子表面（见图 2—6）。

图 2—6　擦杯布包住杯子

5）一手逆旋转，另一只手顺旋转（见图 2—7），旋转数次后打开（见图 2—8）。将杯口、外壁（见图 2—9）和杯底擦干（见图 2—10）。

 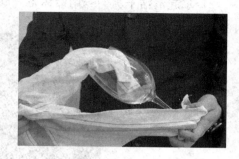

图2—7　一手逆旋转，另一只手顺旋转　　　　图2—8　打开

图2—9　将杯口和外壁擦干　　　　图2—10　将杯底擦干

6）打开后手拿杯子底部或脚部，对着灯光照一下，检查是否光亮清洁（见图2—11）。

图2—11　对着灯光检查

7）擦干净杯子后，手尽量少接触杯子。要拿杯子时，拿底部或杯子的脚部，这样不会弄脏杯子。擦好杯子后，放到干净卫生的容器中（见图2—12）。

8）在擦杯子的过程中，一定要使用专业、干净的擦杯布来擦。要使用巧劲，左右手要积极配合，注意不能用力过猛，尽量避免杯子破碎、扎手。

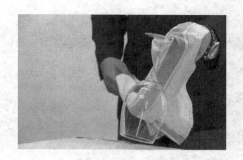

图 2—12　拿住底部，放到干净容器中

四、酒吧洗杯机的使用

1. 操作准备

酒吧用具、各种杯具、洗杯机。

2. 操作步骤

（1）柜式洗杯机清洗步骤

1）使用时先将器皿用自来水冲洗干净。要注意经常更换机内缸体中的水。

2）把杯具手动摆放到洗杯机里面的格子中。摆放杯具时注意不能过于密集，否则会有死角。

3）推入洗杯机里清洗。

（2）旋转式洗杯机操作步骤

1）打开自来水开关。

2）在右边的毛刷桶中放入洗涤液。

3）轻压中间的圆球，自来水就会自动从底部流入桶中。

4）当水面上升到与毛刷平齐时松开圆球。

5）将杯具插入毛刷桶中。

6）旋转杯具，内外毛刷会同时清洗杯底与内外壁。杯具较干净时，可以少旋转，一般 3～4 秒可以清洗一只；杯具较脏时，可以多旋转数圈。注意不要用力把杯子压在刷子上，只能轻轻压，否则杯子易被压破。

7）将刷洗好的杯具放入喷洗桶中。

8）轻压喷洗桶中的圆柱，喷洗桶会自动全方位 360°喷出活水，将杯具内外及底部都冲洗干净。

3. 注意事项

轻拿轻放、注意安全。

【思考与练习】

1. 清洁酒吧吧台。
2. 清洁酒吧库房。
3. 清洁酒吧地面。
4. 酒吧垃圾的处理方法有哪些？
5. 常用酒吧洗杯机有哪两种？
6. 擦拭杯具。
7. 清洁酒吧调酒用具。

第3章

调酒准备

调酒是调酒师的一项基本技能，在调酒之前会有很多的准备工作，大体分为辅料准备、装饰物制作和工具准备三个部分。在本章节中会对这些准备工作有非常详细的描述。"工欲善其事，必先利其器"，希望通过本章节的学习，调酒师在制作鸡尾酒时能够更加得心应手、游刃有余。

第1节　调酒辅料及装饰物准备

准备辅料和制作装饰物是调酒不可或缺的两项工作，需要调酒师在具备娴熟、精湛的技艺之余，有丰富的常识和足够的耐心。

 学习单元1　调酒辅料制作及保存

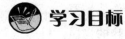 **学习目标**

➤ 熟悉调酒辅料的种类

➤ 掌握调酒辅料的储存要求

➤ 能够制作糖浆等调酒辅料

 **知识要求**

一、调酒辅料的种类

鸡尾酒由基酒、辅料和装饰物三部分组成。调酒辅料是鸡尾酒调制中的重要组成部分，是鸡尾酒的缓和剂，它们与基酒充分混合后，可以缓和基酒强烈的刺激味，从而更能发挥鸡尾酒的特色，增添鸡尾酒的色彩。

可用作调酒辅料的材料很多，主要有以下几种：碳酸类饮料，果汁类饮料，利口酒类，其他辅料。

1. 碳酸类饮料

碳酸类饮料是指含碳酸气，即二氧化碳（CO_2）的饮料的总称。其特点是饮料中含二氧化碳，泡沫多而细腻、爽口清淳，具有清新口感。酒吧常用的碳酸类饮料有可乐、雪碧、七喜、苏打水、汤力水、干姜水等。碳酸类饮料按配制原料可分为汤力水类、柠檬水类和可乐类三大类。

（1）汤力水类

这种类型的汽水原料中小苏打的含量较高，很少单饮，常常作为冲缓液，冲缓烈酒的浓度，中和酒的酸性，还可以起泡沫。常见的有苏打汽水（Soda Water）、奶油苏打汽水（Cream Soda）、干姜汽水（Dry Ginger ale）、汤力汽水（Tonic Water）。

（2）柠檬水类

这种类型的汽水原料中果汁的含量高，加以香精和色素，具有水果风味，经常用于单饮，常见的有柠檬汽水（Lemonade）、苦柠汽水（Bitter Lemon）、橙汁汽水（Orange）、苹果汽水（Apple）。

（3）可乐类

风靡全球的美国"可口可乐"，它的香味除来自于特殊植物提取液外，还含有砂仁、丁香等多种混合香料，因而味道特殊，极受人们欢迎。美国是可乐饮料的发源地，其产品的产量在世界上处于垄断地位，尤以可口可乐、百事可乐行销世界市场。美国可乐饮料的研究生产始于第一次世界大战时期，为士兵作战需要，添加具有兴奋神经作用的高剂量咖啡因的可可豆提取物及其他具特殊风味的物质。目前这两种可乐饮料在世界各地均设立集团公司，推销可乐浓浆，生产可乐饮料。可乐类汽水是由美国人独创的特殊饮料。酒吧常见的可乐有可口可乐（Coca Cola）、健怡可乐（Diet Coke）、百事可乐（Pepsi Coke）。

2. 果汁类饮料

果汁类饮料包括各种罐装、桶装的保鲜产品和各种现榨果汁产品。各种鲜果汁含有丰富的矿物质、维生素、糖类、蛋白质以及有机酸等物质，对人体有很好的营养滋补作用。酒吧经常出售的鲜果汁有橙汁（Orange Juice）、菠萝汁（Pineapple Juice）、柠檬汁（Lemon Juice）、西柚汁（Grapefruit Juice）、苹果汁（Apple Juice）、青柠汁（Lime Juice）、草莓汁（Strawberry Juice）、椰子汁（Coconut Juice）、葡萄汁（Grape Juice）、黄梅汁（Apricot Juice）、芒果汁（Mango Juice）、桃汁（Peach Juice）、甘蔗汁（Sugar Juice）、番茄汁（Tomato Juice）、西瓜汁（Watermelon Juice）。

3. 利口酒类

利口酒在鸡尾酒调制中起到加香加味和调色的作用，是重要的调酒原料之一。

（1）利口酒定义

利口酒（或译作香甜酒）是由蒸馏酒（如白兰地、威士忌、朗姆、金酒、伏特加和中性酒精）或葡萄酒加入一定的加味材料（如树根、果皮、香料等），经过蒸馏、浸泡等过程生产而成的一种甜化、加香的配制酒。

（2）利口酒的种类

利口酒按照其调香成分可以分为四大类：

1）果料利口酒。以水果（果实或果皮）为调香原料，主要采用浸渍法生产而成。

2）草料利口酒。以草本植物为调香原料。

3）种料利口酒。以植物的种子为调香原料。

4）乳脂利口酒。以各种香料和乳脂调配成的各种奶酒。

（3）利口酒中的著名品种

1）果料利口酒

①橙皮甜酒（Curacao）。

②君度香橙（Cointreau）。

③金万利（Grand Manier）。

除此之外，白橙味甜酒（Triple Sec）、椰子甜酒（Coconut）也是很好的水果利口酒。

2）草料利口酒

①修道院酒（Chartreuse）。修道院酒分绿酒（Chartreuse Verte）和黄酒（Chartreuse Jaune），一般作纯饮时少量品饮，也可用来调制鸡尾酒。

②当酒（Benedictine）。

③杜林标（Drambuie）。

④佳莲露（Galliano）。

3）种料利口酒

①茴香利口酒（Anisette）。

②杏仁利口酒（Liqueurs d'amandes）。意大利的亚马度（Amaretto）、法国的果核酒（Creme de Noyaux）等均是著名的杏仁利口酒。

4）乳脂利口酒

①咖啡乳酒（Creme de Cafe）。著名的咖啡利口酒有咖啡甜酒（Kahlua）、添万利（Tia Maria）。

②可可乳酒（Creme de Cacao）。

4. 其他辅料

在鸡尾酒调制中还会使用到其他一些食品或调味品作调酒辅料，这些辅料产品包括糖、盐、鸡蛋、辣椒油、苦精、胡椒粉等。

二、调酒辅料的储存要求

1. 碳酸类饮料

碳酸类饮料在营业前准备时，主要是检查其品种是否齐全，数量是否充足，对一些不常用或用量较小的品种如苏打水、汤力水、干姜汽水还需检查其保质期和生产时间，避免使用过期产品。所有碳酸类饮料使用前都必须冰镇，也就是说，必须在营业前将它们放入冷藏柜储存。

2. 果汁类饮料

为了确保产品质量，酒吧通常使用能储存的桶装或罐装果汁，因此，在营业前准备果汁时，除根据经营需要准备好充足的数量和品种外，要重点检查各种果汁饮料的质量，凡鼓桶、鼓听的果汁饮料一律不得使用，因这类果汁已经发酵变质，使用后会给人体带来较大伤害。对已经打开使用过的果汁饮料也需认真检查其质量情况。

目前，很多酒吧根据季节变化推出现榨的果汁饮料，如现榨橙汁、西瓜汁、苹果汁等。在进行营业前准备时必须认真检查水果的质量，将已经霉变或局部霉变的水果剔除，以确保现榨果汁的口味和质量。

果汁类饮料必须放在冷藏柜中低温冷藏。

3. 利口酒类

利口酒种类齐全，品种繁多。在准备时，只需根据酒吧中现存的品种和数量，将它们陈列于酒架上即可，陈列酒品时一方面要擦净瓶身，特别是瓶口部位，因为利口酒含糖分较多，溢出的酒液易在瓶口部位产生糖霜，影响酒品外观。另一方面，注意检查瓶中酒品的数量，及时补充酒水。

4. 其他辅料

其他辅料在准备时须逐一检查其数量、质量情况。如盐、糖是否受潮，鸡蛋是否新鲜等。

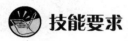 **技能要求**

制作糖浆等调酒辅料

糖和糖浆在调酒过程中，经常被用来作为鸡尾酒的调味剂，一道与其他材料混合调制，以缓释含酸量较高的酒品的口味，使酒品更加酸甜适口，清新爽洁。在调酒过程中，糖的使用有两种形式，一是糖粉或细砂糖，二是糖浆。糖粉由于其质地细腻，极易融化，只需在调制时直接加入到酒液中，通过其他酒液使其融化即可。而细砂糖由于其颗粒相对于糖粉要粗得多，故在使用时必须先将细砂糖放入调酒壶或酒杯中用少量水充分搅拌，将其化开，然后再加其他材料混合或调制酒品。

糖浆一般是由砂糖或糖块熬制而成，比较黏稠，含糖量很高，使用时需根据配方酌量添加，否则会因用量过大而改变酒品的味道。

1. 操作准备

砂糖、水、不锈钢锅、小勺、保鲜膜、电磁炉。

2. 操作步骤

（1）根据用量，按 3∶1 的比例将砂糖和水放入不锈钢锅中，点火加热，将其煮沸。

（2）在熬制过程中，不停地用小勺搅拌，使砂糖化开，待煮沸 1～2 分钟后，改用小火熬 3～5 分钟，并不停地搅拌。

（3）待糖浆中水分蒸发，糖浆开始起稠时即停止熬煮。

（4）将熬煮好的糖浆冷却装入糖缸，封好保鲜膜存入冰柜待用。

3. 注意事项

（1）精选原料

选用的砂糖和水都必须干净，砂糖中无杂物。

（2）注意用量

熬制糖浆时必须严格按比例投料。

（3）注意事项

1）熬制过程中须不断地搅拌，以防糖分沉淀，出现锅底焦煳现象。

2）小火熬制完成后须立即起锅，并进行冷却。

3）熬制糖浆的量不宜过大，一般以一周用量为宜。若糖浆使用超过一周，或出现糖霜的现象，应停止使用，重新再熬制新的糖浆。

 学习单元2　鸡尾酒装饰物制作

 学习目标

➤ 了解鸡尾酒装饰原则和装饰方法

➤ 熟悉鸡尾酒装饰的种类以及注意事项

➤ 能够掌握鸡尾酒装饰的几种基本技法

 知识要求

一、鸡尾酒装饰原则

装饰是鸡尾酒一个重要的组成部分，部分鸡尾酒并不另增加任何饰物，这是其本身的性质所决定的。一杯鸡尾酒给人的直觉或第一印象是好是坏，值不值，装饰起到很大的作用。一杯成功的鸡尾酒，常常是色彩艳丽、造型美观、妩媚动人、诱人食欲。鸡尾酒的装饰主要有以下几个基本原则：

1. 根据酒的性质来决定采用何种果汁或何种水果装饰，以形成"质、形、色、态、味"的和谐统一。

2. 不含果汁的鸡尾酒，根据鸡尾酒的色彩、味型配饰，使杯中鸡尾酒的色、形、态与装饰物相映生辉，产生多种对比美、和谐统一美。

3. 鸡尾酒装饰要删繁就简，不能为装饰而装饰，紧扣该杯酒的文化主题，画龙点睛，恰到好处即可，切不可滥用装饰物。

4. 坚持装饰是陪衬不是主角，切不可使装饰喧宾夺主。

二、鸡尾酒装饰方法

1. 杯口装饰（见图 3—1）

绝大部分的鸡尾酒多用新鲜水果或罐头水果来装饰。其特点是简美、直观、活泼、自然，这类装饰物大多既是装饰品，又是佐酒品。如采用柠檬片、樱桃装饰杯口造型的"新加坡司令""白兰地酸酒""朗姆菲士"以及仅用红樱桃装饰杯口的"白美人"等品种，都是杯口装饰的代表品种。

图 3—1　杯口装饰

2. 沿边装饰（见图 3—2）

常采用的方法是用柠檬皮、橙皮等在鸡尾酒杯边夹住转一圈，便杯口湿润，然后将鸡尾酒杯放入盐粉或糖粉里沾一下。这种装饰法既美观，又是某些鸡尾酒必不可少的一种调味措施，如"玛格丽特"等品种。沿边装饰技法利用沿边的盐分、糖分、柠檬汁和杯中的鸡尾酒配合而形成味的丰富层次。

图 3—2　沿边装饰

3. 杯中装饰（见图 3—3）

杯中装饰常用水果粒、蔬菜粒、冰块等饰物，它具有装饰、调味、调节温度、提高人的味蕾对酒品的敏感程度等作用，使顾客感受这类鸡尾酒在味和质两个方面的丰富口感层次，以体现品质。

4. 调酒棒装饰（见图 3—4）

精致、美观的调酒棒是鸡尾酒装饰设计的重要方式。利用调酒棒装饰鸡尾酒，必须注意两点：其一是美观，其二是方便，当然，用料必须卫生。调酒棒在鸡尾酒装饰中已远远超过其饮用功能，其变化多端的色、形、态成为鸡尾酒装饰的重要技法。直形管、弯曲管、异形管及各种色彩的调酒棒，与杯中装饰、杯口装饰等配合使用，可在杯中液体中显现出优美的色、形、态，如"梦幻美人"。

图 3—3　杯中装饰

图 3—4　调酒棒装饰

三、鸡尾酒装饰物的种类

鸡尾酒装饰是通过装饰物来实现的，能被用作装饰物的水果、蔬菜、调味品等品种繁多，常用的有柠檬片、柠檬角、柠檬皮旋片（旋条）橙片、菠萝片、黄瓜皮、樱桃、小伞、装饰叶片、鲜花等。根据装饰物的某些共有特点和装饰规律将鸡尾酒的装饰归纳为三大类：

（1）点缀型装饰物

大多数饮品的装饰物都属于这一类。点缀型装饰物一般以水果为主，常见的水果类装饰材料有樱桃、柠檬、橙、菠萝、青柠、草莓等。这类装饰物要求体积小，颜色与饮品相协调，同时要求与饮品的原味一致。

（2）调味型装饰物

调味型装饰物主要是用有特殊风味的调料和水果来装饰鸡尾酒，同时对酒品的味道会产生一定影响。调味型装饰材料有两种：

1）调料装饰物。常见的有盐、糖粉、豆蔻粉、桂皮等经过加工后作装饰物。如白兰地亚历山大撒豆蔻粉装饰，意大利咖啡用桂皮搅拌。

2）特殊风味的果蔬装饰物。如柠檬、薄荷叶、珍珠洋葱、芹菜等，这些果蔬植物装饰在饮品中对饮品味道能产生一定的影响。如柠檬扭条放入黑俄罗斯饮品中能增加其清香味。

（3）实用型装饰物

吸管、调酒棒、鸡尾酒签等，除了其实用性以外，还可以被设计成具有特殊造型的用品，使其具有观赏价值。

四、鸡尾酒的装饰规律

鸡尾酒种类繁多，其装饰也千差万别，而且一般情况下每种鸡尾酒都有其基本的装饰要求。装饰物是饮品的主要组成部分，有时因装饰物的改变就能改变饮品的名称。对于这样繁多的饮品和千差万别的装饰要求，如果一一去死记硬背恐怕难以掌握，可以根据其装饰功能寻找出其中的一些装饰规律。

1. 能协调鸡尾酒味道

即要求装饰物的味道和香气必须同酒品原有的味道和香气相吻合，并且能更加突出饮料的特色。例如，当一种混合饮料以橙汁等酸甜口味的果汁为主要辅料时，一般选用橙片或柠檬片这类酸味水果来装饰；当一种鸡尾酒的辅料以薄荷酒为主时，一般选用薄荷叶来装饰。总之，能影响鸡尾酒口味的辅料中以某种果汁、蔬菜汁或利口酒为主时，就选用同类水果、蔬菜或香料植物来装饰。

2. 能丰富酒品内涵

这主要是针对调味型装饰物而言的。选取这类装饰物时，对于已有的鸡尾酒品种，主要取决于配方的要求，它就像鸡尾酒的主要成分一样重要，不容随意改动。而对于新创造的酒种，则应以考虑宾客口味为主，如上糖霜的饮品达其利、上盐粉的饮品玛格丽特等。

3. 能按照传统习惯进行搭配

按传统习惯装饰是一种约定俗成的东西，有时甚至没有什么道理可言。这类情况在传统标准的鸡尾酒和混合饮料中居多。例如，在柯林（Collins）类酒中，都习惯以一片柠檬来装饰。当然，如果改放樱桃、橙片或其他与之同类的水果也没有多大影响。

4. 能使鸡尾酒与装饰物颜色协调

五彩缤纷固然是鸡尾酒装饰的一大特点，但是在使用颜色时却不能胡乱搭配，随意选取。通常，红色代表热烈而兴奋；黄色代表明朗而欢快；蓝色代表抑郁而悲哀；绿色代表平静而稳定。它们都是调酒师与消费者感情交流的工具。"红粉佳人"（Pink Lady）用红樱桃装饰，而"巴黎初夏"（April in Paris）却用绿樱桃来装饰，都是有其各自不同用意的。

5. 能突出主题

一种形象生动的装饰物往往能表达出一个鲜明的主题和深邃的内涵。特基拉日出（Tequila Sunrise）杯上那颗红樱桃，它从颜色到形体都能让人联想到灿烂的天边冉冉升起的一轮红日；而马颈（Horse Neck）杯中那盘旋而下的柠檬长条像斑马那美丽而细长的脖颈。由此可以看出，有些酒名往往已经为调酒师确定了主题，只需调酒师将装饰物制作得更加形象生动，发挥自己的想象力和创造性来完成。

五、注意事项

在遵循前面提过的装饰规律的基础上，选择鸡尾酒的装饰还应注意以下几点：

1. 装饰物形状与杯型相协调

（1）平底直身杯或高大矮脚杯

如柯林杯、海波杯等，常常少不了吸管、调酒棒这些实用型装饰物。另外，常用大型的果片、果皮或复杂的花形来装饰，能体现出酒品高拔秀气的美感来。在此基础上可以用樱桃、草莓等小型果实作辅助装饰，增添新的色彩。

（2）古典杯

在装饰上要体现传统风格。常常是将果皮、果实或一些蔬菜直接投入到酒水中去，使人有稳重、厚实、纯正感，有时也加放短吸管或调酒棒等来辅助装饰。

（3）高脚小型杯

主要指鸡尾酒杯和香槟杯。常常配以樱桃、柠檬角之类小型果实，或直接缀于杯边，或用鸡尾酒签串掇起来悬于杯上，表现出小巧玲珑又丰富多彩的特色来。用糖霜、盐霜饰杯也是此类酒中较常见的装饰。

2. 不需装饰的酒品切忌画蛇添足

装饰对于鸡尾酒的制作来说确实是个重要环节，但是并不等于说每杯鸡尾酒都需要配上装饰物，下列几种情况不需装饰，否则就会有画蛇添足之嫌。

（1）表面有浓乳的酒品

这类酒品除按配方可撒些豆蔻粉之类的调味品外，一般情况下不需要任何装饰，因为白色浓乳本身就是最好的装饰。

（2）彩虹酒

彩虹酒即分层色酒，是在小酒杯中兑入不同颜色的利口酒，使其形成色彩各异的带状分层饮品。这种酒不需要装饰是因为它那五彩缤纷的酒色已经充分体现了它的美，如再装饰反而造成颜色混乱，适得其反。

（3）保持特殊意境的酒品

例如"蓝色的海水"（Ean De Mer）是一杯闪着蓝色光芒的饮品，整杯酒放在昏暗的灯光下就像一片蔚蓝的海洋一样，幽邃、深沉，多余的装饰只会破坏原有的意境。

3. 探索新方法，创造新样式

装饰物的外形设计与制作都强调主观的创造性，它不仅需要调酒师平时多注意观察生活，还需要灵感，使造型花样翻新。

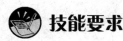 **技能要求**

快速、熟练、准确、美观和有针对性
地对鸡尾酒进行装饰

一、柠檬类装饰物的制作方法

柠檬是鸡尾酒装饰物中使用最广泛的装饰原料。选择柠檬时，要求新鲜、多汁，个头中等，不宜太大或太小，柠檬外表要求有光泽，并富有弹性（见图3—5）。柠檬在制作前要洗净，所有操作都必须在砧板上进行。切柠檬的手法：切柠檬片时通常左手拿柠檬，右手操刀。

图 3—5　常见的柠檬装饰

1—柠檬圆片　2—蝴蝶　3—柠檬角　4—柠檬半片　5—柠檬皮

1. 柠檬片的制作

柠檬片有两种切法：一种是柠檬圆片，即整片柠檬；一种是半片柠檬。

（1）柠檬圆片

1）操作准备。柠檬、砧板、吧刀。

2）操作步骤

①先切掉柠檬两头部分。

②纵向将柠檬一分为二切开，再将每一半柠檬横向从一端切成薄片，厚度一般为0.3厘米左右。

（2）半片柠檬

1）操作准备。柠檬、砧板、吧刀。

2）操作步骤

①和②同柠檬圆片。

③将切好的整片柠檬从中间切一刀即成半片柠檬。半片柠檬较多地用于混合饮料中做装饰，因此，切片时不宜太厚。

2. 柠檬角的切法

柠檬角也称柠檬块，在鸡尾酒装饰中也比较常见。

（1）操作准备

柠檬、砧板、吧刀。

（2）操作步骤

1）先切掉柠檬两头部分。

2）纵向将柠檬一分为二切开，然后再将每半个柠檬纵向切成3～4块。

柠檬角除了可以单独作装饰外，还可以和樱桃等组合，用于鸡尾酒的装饰。

3. 柠檬皮的切法

在一些鸡尾酒中，需要用柠檬皮做装饰，其目的有两个：一个是装饰，一个是通过柠檬油增加酒的香味。柠檬皮的切法有两种。

（1）切柠檬皮方法一

1）操作准备。柠檬、砧板、吧刀。

2）操作步骤

①用制作柠檬片或柠檬角时切下的柠檬的两端部分，将柠檬头顺一边切出长约2～3厘米的柠檬皮。

②修切成0.5～1厘米宽。

③剔除内侧的白囊部分。

（2）切柠檬皮方法二

1）操作准备。柠檬、砧板、吧刀。

2）操作步骤

①直接从柠檬上片下一块柠檬片。

②将其四周修切整齐，制作成2～3厘米长、0.5～1厘米宽的柠檬皮。

3）特别提示。此做法较简便，但比较浪费，在酒吧里较少使用。

二、青柠类装饰物的制作方法

青柠又称酸橙，呈深绿色，无籽，比柠檬略小，也是酒吧常用的装饰之一，它可以切成片、角等形状用于鸡尾酒的装饰。

青柠片、青柠角的切法与柠檬相同。

三、橙类装饰物的制作方法

橙很多时候也被用于鸡尾酒的装饰，主要是以片的形式出现，也可以和其他装饰物组合成新的装饰。选用橙作装饰时，要尽量选用中等个头，无籽或少籽的为佳。

橙的切制方法与柠檬相同。

四、樱桃装饰物的制作方法

樱桃是装饰物中用量最多、使用最广泛的装饰材料之一。常用装饰樱桃分新鲜和罐装两种，新鲜带把樱桃的装饰效果好，但受季节性限制较大。罐装樱桃也分带把和不带把两种，颜色有红、绿之分，个大、色泽光亮、硬度好，是酒吧必备之品。

1. 操作准备

樱桃、砧板、吧刀、鸡尾酒签等。

2. 操作步骤

樱桃装饰物的制作方法相对较为简单，常见的有：

（1）将樱桃直接放入杯中做装饰。

（2）将樱桃底部切开口后夹在杯口做装饰。

（3）用鸡尾酒签串上樱桃架于杯口做装饰。

（4）将樱桃串在吸管上放入高杯中做装饰物。

五、菠萝类装饰物的制作方法

1. 菠萝条

（1）操作准备

菠萝、鸡尾酒签、砧板、吧刀等。

（2）操作步骤

1）选择新鲜菠萝，切除其头尾部分。

2）纵向将菠萝一分为四，取四分之一块再将其切成条状。

3）将条状菠萝上串一颗樱桃斜搭于杯口做装饰。

2. 菠萝角（片）

（1）操作准备

菠萝、鸡尾酒签、砧板、吧刀等。

（2）操作步骤

1）新鲜菠萝去皮后切成1厘米左右的薄片。

2）将菠萝片均匀地一分为六，制成六块菠萝角。或者先将菠萝去皮后切除头尾部分，然后再纵向切成 6 块，取其中一块横切成 0.6～1 厘米厚的菠萝片。

3）用鸡尾酒签从菠萝片内侧串一颗红樱桃，骑在杯口做装饰。

3. 带叶菠萝片

（1）操作准备

菠萝、鸡尾酒签、砧板、吧刀等。

（2）操作步骤

1）将新鲜菠萝尾部切除，然后纵向将其一分为二。

2）取其中二分之一块菠萝侧切成片。

3）将菠萝片从中间横向切断，用鸡尾酒签串一颗红樱桃挂于杯口做装饰。

六、其他水果及装饰物的制作方法

除上述几种主要的水果类装饰物外，还有其他一些水果、蔬菜以及装饰材料可以用于装饰物的制作。

1. 橄榄、洋葱

橄榄也是酒吧必备的装饰材料之一，主要用于干马提尼、干曼哈顿类鸡尾酒的装饰，装饰方法很简单，只需直接放入酒中即可。洋葱，又称鸡尾酒珍珠洋葱，其装饰方法也是直接放入酒中。

2. 芹菜、薄荷叶

芹菜主要用于"血玛丽"等少数鸡尾酒的装饰。薄荷叶由于受季节性影响，偶尔也会用于一些鸡尾酒的装饰，这两种装饰材料都要求新鲜，凡枯萎、失去水分的原材料都不得用于鸡尾酒的装饰。

3. 吸管、花签等

在鸡尾酒的装饰中，除使用新鲜水果、蔬菜等作装饰物外，一般还配备一些基本的装饰品，如弯头吸管、鸡尾酒花签、小花伞等，这些装饰材料可以和各种水果装饰物进行组合，形成独具创意的鸡尾酒装饰物。

第 2 节　调酒用具准备

调酒用具种类繁多，功能各异，本节会较全面地逐一介绍。认识调酒用具并掌握其功用是调酒师的一项必备技能。

学习单元 1　常用调酒杯具准备

 学习目标

➤ 了解酒杯的种类与用途
➤ 能够识别酒吧常用杯具

 知识要求

酒杯的种类与用途

　　酒吧的用杯非常讲究，不仅要求型号即容量大小要与饮料标准一致，对材质和形状也有很高的要求。酒吧常用酒杯大多是由玻璃和水晶玻璃制作的。在家庭酒吧中还有用水晶制成的。不管材质如何首先要求无杂色，无刻花、印花，杯体厚重，无色透明，酒杯相碰能发出金属般清脆的声音。任何材质的用杯都要求有光泽、晶莹透亮。高质量酒杯不仅能显出豪华和高贵，而且能增加客人饮酒的欲望。另外，酒杯在形状上有非常严格的要求，不同的酒用不同形状的杯来展示酒品的风格和情调。不同饮品用杯大小容量不同，这是由酒品的分量、特征及装饰要求来决定的。合理选择酒杯的质地、容量及形状，不仅能展现出典雅和美观，而且能增加饮酒的氛围。下面就酒杯的种类和用途作专门介绍。

　1. **柯林斯杯（Collins）**
　　一般用于盛装各种烈酒加碳酸饮料、果汁等混合饮料，以及一些特定的鸡尾酒，如各种长饮（Long Drink）等。

　2. **烈饮杯（Shot）**
　　一般用于净饮各种烈酒（白兰地除外）。

　3. **古典杯（Old‑Fashioned）**
　　一般用于盛装加冰块的烈酒以及一些特定的鸡尾酒等。

　4. **扎啤杯（Beer Mug）**
　　主要用于饮用生鲜啤酒。

5. **高脚啤酒杯**（Beer Pilsner）

主要用于饮用听装、瓶装啤酒。

6. **爱尔兰咖啡杯**（Irish Coffee Glass）

它是以盛装爱尔兰咖啡而得名的酒杯。一般用于盛装各种特制咖啡。

7. **红葡萄酒杯**（Red Wine Glass）

红葡萄酒杯的杯身较宽，主要盛装红葡萄酒和以红葡萄酒为主要原料而调成的鸡尾酒。

8. **白葡萄酒杯**（White Wine Glass）

白葡萄酒杯的杯身较细而长，主要盛装白葡萄酒和以白葡萄酒为主要原料而调成的鸡尾酒。

9. **雪利杯**（Sherry Glass）

雪利酒是一种强化葡萄酒，酒精含量较普通葡萄酒高，雪利杯用于专门盛装雪利酒。

10. **郁金香型香槟杯**（Tulip Champagne）

郁金香型香槟杯因杯身形状犹如郁金香花而得名，主要盛装香槟酒和以香槟酒为主要原料而调成的鸡尾酒。它的容量通常为168毫升。

11. **白兰地杯**（Brandy Snifter）

白兰地杯专供饮用白兰地。它的杯口比杯身窄，这样利于集中白兰地的香气，使饮酒人能够更好地欣赏酒的特色。白兰地酒杯有不同的容量，较常用的白兰地酒杯容量是168毫升。

12. **鸡尾酒杯**（Cocktail）

鸡尾酒杯的杯身为圆锥形，主要用来盛装短饮类的鸡尾酒。

13. **海波杯**（High－Ball）

海波杯是英语High－Ball的音译，它是以盛装鸡尾酒High－Ball而得名的酒杯。海波杯还经常被人们称作高球杯，一般用于盛装各种汽水等软饮料以及一些特定的鸡尾酒等。

14. **玛格丽特杯**（Margarita）

玛格丽特杯是以盛装玛格丽特鸡尾酒而得名。这是一种带有宽边或宽平台式的高脚杯。

15. **利口酒杯**（Liqueur Glass）

利口酒杯主要用于饮用利口酒。

16. **水杯**（Goblet）

主要用于盛装冰水和矿泉水。

17. 醒酒器（decanter）

主要用于葡萄酒的澄清和过滤。

 技能要求

识别酒吧常用杯具

一、操作准备

常用酒吧杯具。

二、识别常用杯具

1. 柯林斯杯（见图 3—6）

柯林斯杯又称长饮杯，形状与海波杯相似，只是比海波杯细长，容量通常在 280～336 毫升之间。

2. 烈饮杯（见图 3—7）

烈饮杯的容量通常在 280 毫升。

图 3—6　柯林斯杯

图 3—7　烈饮杯

3. 古典杯（见图 3—8）

古典杯的容量通常在 224～280 毫升之间。

4. 扎啤杯（见图 3—9）

扎啤杯的容量通常在 300～500 毫升之间。

图 3—8　古典杯

图 3—9　扎啤杯

5. 高脚啤酒杯（见图 3—10）

高脚啤酒杯的容量通常在 280～330 毫升之间。

6. 爱尔兰咖啡杯（见图 3—11）

爱尔兰咖啡杯的容量通常在 168～224 毫升之间。

图 3—10　高脚啤酒杯　　　　　　　　图 3—11　爱尔兰咖啡杯

7. 红葡萄酒杯（见图 3—12）

红葡萄酒杯的容量通常为 224 毫升左右。

8. 白葡萄酒杯（见图 3—13）

白葡萄酒杯的容量通常为 168 毫升左右。

图 3—12　红葡萄酒杯　　　　　　　　图 3—13　白葡萄酒杯

9. 雪利杯（见图 3—14）

雪利杯的容量较小，通常为 56 毫升。

10. 郁金香型香槟杯（见图 3—15）

郁金香型香槟杯的容量通常为 168 毫升。

图 3—14　雪利杯　　　　　　　　　　图 3—15　郁金香型香槟杯

11. 白兰地杯（见图 3—16）

较常用的白兰地酒杯的容量是 168 毫升。

12. 鸡尾酒杯（见图 3—17）

鸡尾酒杯的容量通常为 98～126 毫升。

图 3—16　白兰地杯　　　　　　　　　图 3—17　鸡尾酒杯

13. 海波杯（见图 3—18）

海波杯的容量通常在 168～224 毫升之间。

14. 玛格丽特杯（见图 3—19）

玛格丽特杯的容量通常是 140～168 毫升。

15. 利口酒杯（见图 3—20）

利口酒杯的容量通常为 28 毫升。

图 3—18　海波杯　　　　　　图 3—19　玛格丽特杯　　　　　图 3—20　利口酒杯

16. 水杯（见图 3—21）

17. 醒酒器（见图 3—22）

醒酒器的容量为 200～420 毫升。

图 3—21　水杯

图 3—22　醒酒器

学习单元 2　常用调酒用具准备

学习目标

➢ 掌握不同用具的使用方法及规范

➢ 能够识别酒吧常用调酒用具

知识要求

酒吧常用用具的使用方法及规范

1. 调酒壶（Shaker）

调酒壶通常是不锈钢制的。常见的酒壶有普通型和波士顿型。将饮料和冰块放入调酒壶后，便可摇混。不锈钢调酒壶形状要符合标准。

2. 调酒杯（Mixing glass）

调酒杯是一种厚玻璃器皿。典型的调酒杯容量为 448～476 毫升。调酒杯每用一次就必须冲洗，保持清洁。

3. 滤冰器（Strainer）

滤冰器有个圆形过滤网，不锈钢丝卷绕在一个柄上，并附有两个耳形的边。滤冰器用来盖住调酒杯的上部，两个耳形边用来固定其位置，过滤网能使冰块不倒进饮用杯中。

4. 吧匙（Bar Spoon）

吧匙为不锈钢制品，匙浅、柄长，用来搅拌饮品。

5. 量酒器 （Jigger）

量杯是调制鸡尾酒和其他混合饮料时，用来量取各种液体的标准容量杯。酒吧常用的是两头呈漏斗形的不锈钢量杯，一头大而另一头小。最常用的量杯组合型号是 28 毫升和 45 毫升。

6. 酒刀 （Corkscrew）

用来开启葡萄酒酒瓶上的软木塞，开塞钻一般长 2 英寸，并且有足够的螺旋能完全将木塞启出，其整体用不锈钢制成。

7. 酒嘴 （Pourer）

酒嘴安装在酒瓶口上，用来控制倒出的酒量。在酒吧中，每瓶打开的烈性酒都要安装酒嘴，酒嘴由不锈钢或塑料制成，分为慢速、中速、快速三种型号。塑料酒嘴不宜带颜色，因为它常用来调配各种不同颜色和种类的酒。使用不锈钢酒嘴时要把软木塞塞进瓶颈中。

8. 冰夹 （Ice tongs）

冰夹是用来夹取方冰的不锈钢工具。

9. 碾棒 （Muddling stick）

碾棒是一种木制工具。一头是平的，用来碾碎固状物或捣成糊状；另一头是圆的，用来碾碎冰块。

10. 水果挤压器 （Fruit squeezer）

水果挤压器是用来挤榨柠檬或鲜橙等水果汁的手动挤压器。

11. 漏斗 （Funnel）

漏斗是用来把酒和饮料从大容器（如酒桶、酒瓶）倒入方便适用的小容器中的一种常用转移工具。

12. 冰桶 （Ice Bucket）

冰桶是用来盛放冰块的，有不锈钢和玻璃两种，型号大小也不同。

13. 宾治盆 （Punch Bowl）

宾治盆是用玻璃或不锈钢制成的，用来调制量大的混合饮料，容量大小不等。使用宾治盆时还必须配有宾治杯和勺。

14. 砧板 （Cutting board）

酒吧常用砧板有方型塑料或木制两种。

15. 吧刀 （Bar Knife）

吧刀一般是不锈钢刀。易生锈的刀不仅会破坏水果颜色，还会把锈迹留在水果上。酒吧常使用小型或中型的不锈钢刀，刀口必须锋利。

16. **削皮刀（zester）**

专门用来削柠檬皮等的特殊用刀。

17. **榨汁器（Squeezer）**

专门用来压榨含果汁丰富的柠檬、橘子、橙子等水果。

18. **开瓶器（Bottle opener）**

开瓶器一般为不锈钢制品，不易生锈，又容易擦干净。

19. **冰铲（Ice scoop）**

由不锈钢或塑料制成，用来从冰桶中舀出各种不同的冰块。

20. **吸管（Straw）**

用于长饮杯饮料的服务。

21. **装饰签（Tooth picks）**

用以串上樱桃点缀酒品。

22. **垃圾桶（Trash can）**

用于放置酒吧内的垃圾。

23. **波士顿听（Boston listen）**

是一种调酒专用扣杯，也叫摇酒杯、刻度杯。

24. **托盘（Tray）**

在服务顾客时端盛饮品等的盘子。

25. **烟灰缸（Ashtray）**

顾客抽烟时所用。

26. **吧巾（Bar towel）**

用于擦拭酒吧内滴溅出的酒水。

27. **纸巾（Tissue）**

给客人使用。

28. **调酒棒（Mixing‐stir）**

用于搅匀酒水。

29. **杯垫（coaster）**

用于放置做好的成品酒。

30. **冰激凌勺（Ice cream scoop）**

用于盛冰激凌球的专用工具。

31. **盐盅（salt‐bowl）**

用于顾客自行放盐。

32. **糖盅**（sugar - bowl）

用于顾客自行放糖。

33. **茶勺**（Tea more）

提供给顾客，让顾客自行搅拌。

34. **酒架**（Wine rack）

用于酒吧存放一些酒水。

35. **酒篮**（Wine basket）

给顾客进行酒水服务时用。

36. **香槟桶**（Champagne bucket）

专门放香槟的一种冰桶。

37. **真空塞**（Vacuum stopper）

用于开瓶后红酒的保存。

38. **碎冰器**（The crusher）

用于制作调制饮料时加入的碎冰。

39. **保鲜纸**（plastic wrap）

用于保存一些加工后的水果及一些需与空气隔绝的物品。

40. **吧垫**（Bar Mat）

调制鸡尾酒时放在吧垫上可以保证杯子不滑落。

41. **雪茄刀**（Cigar cutter）

雪茄在点燃前剪掉头部所用的工具。

42. **账单夹**（Bill clip）

顾客在埋单时核对餐单时使用的夹子。

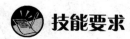 **技能要求**

识别酒吧常用用具

一、操作准备

酒吧常用用具。

二、识别用具

1. 调酒壶（见图 3—23）

目前常见的有 250 毫升、350 毫升和 530 毫升三种型号。

图 3—23　调酒壶

2. 酒嘴（见图 3—24）

3. 滤冰器（见图 3—25）

图 3—24　酒嘴

图 3—25　滤冰器

4. 吧匙（见图 3—26）

5. 量酒器（见图 3—27）

图 3—26　吧匙

图 3—27　量酒器

6. 酒刀（见图 3—28）

7. 调酒杯（见图 3—29）

图 3—28　酒刀

图 3—29　调酒杯

8. 冰夹（见图 3—30）

9. 碾棒（见图 3—31）

图 3—30　冰夹

图 3—31　碾棒

10. 水果挤压器（见图 3—32）

11. 漏斗（见图 3—33）

图 3—32　水果挤压器

图 3—33　漏斗

145

12. 冰桶（见图 3—34）

13. 宾治盆（见图 3—35）

图 3—34　冰桶　　　　　　　　　图 3—35　宾治盆

14. 砧板（见图 3—36）

15. 吧刀（见图 3—37）

图 3—36　砧板　　　　　　　　　图 3—37　吧刀

16. 削皮刀（见图 3—38）

17. 开瓶器（见图 3—39）

18. 冰铲（见图 3—40）

图 3—38　削皮刀　　　图 3—39　开瓶器　　　图 3—40　冰铲

19. 吸管（见图 3—41）

图 3—41　吸管

20. 装饰签（见图 3—42）

21. 垃圾桶（见图 3—43）

22. 波士顿听（见图 3—44）

图 3—42　装饰签　　　　图 3—43　垃圾桶　　图 3—44　波士顿听

23. 托盘（见图 3—45）

图 3—45　托盘

24. 烟灰缸（见图 3—46）

25. 吧巾（见图 3—47）

图 3—46　烟灰缸

图 3—47　吧巾

26. 纸巾（见图 3—48）

图 3—48　纸巾

27. 调酒棒（见图 3—49）

图 3—49　调酒棒

28. 杯垫（见图 3—50）

图 3—50　杯垫

29. 冰激凌勺（见图 3—51）
30. 椒盅、盐盅（见图 3—52）

图 3—51 冰激凌勺

图 3—52 椒盅、盐盅

31. 糖盅（见图 3—53）
32. 茶勺（见图 3—54）

图 3—53 糖盅

图 3—54 茶勺

33. 酒架（见图 3—55）
34. 酒篮（见图 3—56）

图 3—55 酒架

图 3—56 酒篮

35. 香槟桶（见图 3—57）

36. 真空塞（见图 3—58）

图 3—57　香槟桶

图 3—58　真空塞

37. 碎冰器（见图 3—59）

38. 保鲜纸（见图 3—60）

图 3—59　碎冰器

图 3—60　保鲜纸

39. 吧垫（见图 3—61）

40. 雪茄刀（见图 3—62）

图 3—61　吧垫

图 3—62　雪茄刀

41. 账单夹（见图 3—63）

图 3—63 账单夹

【思考与练习】

1. 辨识各种杯具，能正确说出名称及功用。

2. 辨识各种调酒工具，能正确说出名称及功用。

3. 调酒辅料有哪些种类？

4. 辅料存储有哪些原则？

5. 鸡尾酒有哪些装饰方法，能否举例说明？

6. 能制作柠檬类装饰物。

7. 能制作糖浆。

8. 能制作樱桃类的装饰物。

第4章
饮料调制与服务

酒吧除了销售成品饮料之外，还提供调制混合饮料的服务。为了保证混合饮料的新鲜口感，现场制作是基本要求。不同种类的混合饮料的制作与服务有着很大区别，如何熟练地掌握制作技能，同时了解制作原理，提供适合的服务，将在本章做细致全面的阐述。

第1节　软饮料服务

软饮料的制作没有固定的搭配，根据顾客的喜好而定，其服务方法也随之调整。那么，软饮料制作与服务的原理如何，怎样制作受喜爱程度高的软饮料，如何正确使用配套的服务方法？通过本节的学习，会有很全面的了解。

 学习目标

➤ 掌握酒吧常用软饮料的常识和饮用方法

➤ 掌握酒吧常用软饮料的制作知识

➤ 能够调配软饮料

➤ 能够根据不同软饮料的特点进行对客服务

国家职业资格培训教程

 **知识要求**

一、酒吧常用软饮料的常识

1. 水

水是酒吧最基础的软饮料，其种类有矿泉水、蒸馏水、纯净水等。其中酒吧最常用的是矿泉水。

（1）饮用天然矿泉水的定义

饮用天然矿泉水简称矿泉水。国家标准 GB 8537—1995 中定义"矿泉水"是指从地下深处自然涌出的或经人工挖掘的、未受污染的地下矿水，含有一定量的矿物盐、微量元素或二氧化碳气体。在通常情况下，其化学成分、流量、水温等在天然波动范围内相对稳定。

（2）国际上矿泉水标准

1981 年欧洲地区有一个完整的矿泉水标准，1993 年国际食品法典委员会（简称 CAC）在欧洲地区标准上提出修改意见，试图形成世界性统一的矿泉水标准，正在讨论过程中。现将其中某些元素和组分限量指标与国内标准进行比较（见表 4—1）。

表 4—1　　　　　　　　　　某些元素和组分限量指标比较表

mg/L

元素名称	中国	欧洲地区	CAC1993 年会议
锌	5.0	5	—
铜	1.0	1	—
钡	0.70	1.0	0.7
镉	0.010	0.01	0.003
铬（Cr 6＋）	0.050	0.05	0.05（以总 Cr 计）
铅	0.010	0.05	0.01
汞	0.0010	0.01	—
硒	0.050	0.01	—
砷	0.050	0.05	0.01（以总 As 计）
锰	—	2	0.5
硫化物	—	0.05	—
锑	—	—	0.005
镍	—	—	0.02

（3）矿泉水的营养与保健作用

天然矿泉水的水体来源于大自然降水。经过数十年乃至数百年的地下长距离渗入、循环和运移，与地层裂隙的岩石硅酸盐和矿物元素等进行一系列物理、化学作用，溶滤了大量有用的矿物质与微量元素。所以，一般矿泉水的年龄有数十年之久。矿泉水在地下深循环，交替迟缓，有良好的封闭条件，不受外界污染影响，保证了水质卫生，清澈纯净。

世界各地的矿泉水水源地地质及水文地质条件不同，矿泉水赋存条件及形成机理各异，水化学特征种类繁多，各国制定的标准中，其营养和有益成分的界限指标也有不同。

国内饮用天然矿泉水国家标准规定：达到矿泉水标准的界限指标，如锂、锶、锌、溴化物、碘化物，偏硅酸、硒、游离二氧化碳以及溶解性总固体。其中必须有一项或一项以上的指标符合上述成分，即可称为天然矿泉水。

国内饮用天然矿泉水国家标准还规定了某些元素和化学化合物，放射性物质的限量指标和卫生学指标，以保证饮用者的安全。根据矿泉水的水质成分，一般来说，在界线指标内，所含有益元素，对于偶尔饮用者是起不到实质性的生理或药理效应。但如长期饮用矿泉水，对人体确有较明显的营养保健作用。以国内天然矿泉水含量达标较多的偏硅酸、锂、锶为例，这些元素具有与钙、镁相似的生物学作用，能促进骨骼和牙齿的生长发育，有利于骨骼钙化，防治骨质疏松；还能预防高血压，保护心脏，降低心脑血管的患病率和死亡率。

（4）矿泉水疗法

矿泉水疗法，在西方不仅有专有名词，而且有专门的学科和保健、治疗特殊方法。

由于矿泉水本身含有丰富的矿物质和人体所必需的微量元素，对人体内在平衡有特殊的调节作用。这些成分，在普通的食品、水、饮料等人体食物、饮品链中，往往又十分的缺乏。因此，矿泉水对于人体健康来说，有着特殊的作用。

（5）酒吧中常见的水品牌

1）依云（Evian Water）。

2）蓝洞（L'Origin）。

3）崂山矿泉水（Lao Shan Water）。

4）法国巴黎矿泉水（Perrier Water）。

2. 果汁

果汁是用新鲜或冷藏水果为原料，经加工制成的制品。

（1）根据制作工艺不同的果汁分类

1）采用机械方法将水果加工制成未经发酵但能发酵的汁液，具有原水果果肉的色泽、风味和可溶性固形物含量。

2）采用渗滤或浸取工艺提取水果中的汁液，用物理方法除去加入的水量，具有原水果果肉的色泽、风味和可溶性固形物含量。

3）在浓缩果汁中加入果汁浓缩时失去的天然水分等量的水，制成的具有原水果果肉的色泽、风味和可溶性固形物含量的制品。

4）含有两种或两种以上果汁的制品称为混合果汁。

（2）酒吧中常见的果汁

1）苹果汁（Apple Juice）。

2）黑加仑汁（Blackcurrant Juice）。

3）胡萝卜汁（Carrot Juice）。

4）芹菜汁（Celery Juice）。

5）椰子汁（Coconut Juice）。

6）蔓越莓汁（Cranberry Juice）。

7）黄瓜汁（Cucumber Juice）。

8）葡萄汁（Grape Juice）。

9）西柚汁（Grapefruit Juice）。

10）红石榴汁（Grenadine Juice）。

11）猕猴桃汁（Kiwi Juice）。

12）柠檬汁（Lemon Juice）。

13）青柠汁（Lime Juice）。

14）芒果汁（Mango Juice）。

15）西瓜汁（Watermelon Juice）。

16）橙汁（Orange Juice）。

17）木瓜汁（Papaya Juice）。

18）蜜桃汁（Peach Juice）。

19）雪梨汁（Pear Juice）。

20）菠萝汁（Pineapple Juice）。

21）草莓汁（Strawberry Juice）。

22）番茄汁（Tomato Juice）。

3. 碳酸饮料

（1）定义

碳酸饮料是指在一定条件下充入二氧化碳气的制品。不包括由发酵法自身产生的二氧化碳气的饮料。成品中二氧化碳气的含量在20℃时体积倍数不低于2.0倍。

（2）分类

1）果汁型，原果汁含量不低于2.5％的碳酸饮料，如桔汁汽水、橙汁汽水、菠萝汁汽水或混合果汁汽水等。

2）果味型，以果香型食用香精为主要赋香剂，原果汁含量低于2.5％的碳酸饮料，如桔子汽水、柠檬汽水等。

3）可乐型，含有焦糖色，可乐香精或类似可乐果和水果香型的辛香、果香混合香型的碳酸饮料。无色可乐不含焦糖色。

4）低热量型，以甜味剂全部或部分代替糖类的各型碳酸饮料和苏打水。成品热量每100毫升低于75千焦。

5）其他型，含有植物抽提物或非果香型的食用香精为赋香剂以及补充人体运动后失去的电介质、能量等的碳酸饮料，如姜汁汽水、运动汽水等。

（3）酒吧中常见的碳酸饮料

1）苦柠檬水（Bitter Lemon）。

2）可口可乐（Coca Cola）。

3）健怡可乐（Diet Coke）。

4）芬达（Fanta）。

5）柠檬汽水（Lemonade）。

6）百事可乐（Pepsi Cola）。

7）奎宁水（Quinine）。

8）七喜（Seven－UP）。

9）苏打水（Soda Water）。

10）雪碧（Sprite）。

4. 茶

茶是世界流行的三大无酒精饮料之一。其文化源远流长，也是国内人们最喜爱的传统饮料之一。总的来说，茶叶可分为两大类：基本茶类和再加工茶类。基本茶类包括绿茶、红茶、乌龙茶、白茶、黄茶、黑茶。再加工茶类包括花茶、紧压茶、萃取茶、果味茶、保健茶。

（1）分类

1）绿茶。绿茶是国内产量最多的茶叶。其颜色分为碧绿、翠绿或黄绿，久置或与热空气接触易变色。绿茶的原料是茶叶的嫩芽或嫩叶（不宜久置）。绿茶的香味清新，有淡淡的绿豆香，味清淡微苦。著名品种有：杭州的龙井、苏州的碧螺春、江西婺源的婺绿和庐山的云雾、安徽屯溪的屯绿和六安瓜片以及河南的信阳毛尖等。绿茶中有所谓的"明前茶"和"雨前茶"，是由每年清明和谷雨前采摘的嫩芽幼叶制成，十分珍贵。

2）红茶。红茶又分为小种红茶（经过松柴烟熏，具有特殊松烟香味）、功夫红茶、碎红茶（将叶片切碎后再发酵、干燥）。著名品种有安徽的好祁门红茶、云南的滇红、江西的历宁红等。

3）乌龙茶。福建的武夷山岩茶（如大红袍、肉桂、水仙）、安溪铁观音、潮州凤凰单丛、台湾冻顶乌龙等。

4）白茶。银针白毫、白牡丹等。

5）黄茶。黄茶因产量少，是很珍贵的茶叶品种。著名品种有湖南岳阳的君山银针、安徽的霍山黄芽、四川的蒙顶黄芽等。

6）黑茶。湖南黑茶、普洱茶等。

7）花茶。内地多以绿茶窨花，台湾多以乌龙茶窨花，目前红茶窨花越来越多。如茉莉花茶、桂花乌龙、玫瑰红茶等。

8）紧压茶。如砖茶、云南的沱茶等。

9）萃取茶。萃取茶是用热水萃取茶叶中的可溶物，过滤后获得茶汤，制成茶饮料，或经过浓缩、干燥制成固态的速溶茶。

10）果味茶。果味茶是在茶中加入果汁制成茶饮料，如柠檬茶、橘汁茶等。

11）保健茶。保健茶是在茶中加入中草药，加强防病治病的功效，茶所占的比例较小。

（2）中国十大名茶

所谓名茶是指闻名全国、蜚声世界的茶叶。一般须具备四项要求：一是品质优异，外形独特，与一般商品茶相比有显著区别；二是曾经是历史上的贡茶；三是曾经参加国际或全国性的茶叶评比并获奖；四是自古以来就是名茶而且现在仍然继续生产的茶。

1）西湖龙井（炒青绿茶）（见图 4—1）

2）洞庭碧螺春（炒青绿茶）（见图 4—2）

图4—1　西湖龙井

图4—2　洞庭碧螺春

3）太平猴魁（炒青绿茶）（见图4—3）

4）黄山毛峰（烘青绿茶）（见图4—4）

图4—3　太平猴魁

图4—4　黄山毛峰

5）六安瓜片（烘青绿茶）（见图4—5）

6）君山银针（黄茶）（见图4—6）

图4—5　六安瓜片

图4—6　君山银针

7）安溪铁观音（乌龙茶）（见图 4—7）

8）凤凰水仙（乌龙茶）（见图 4—8）

图 4—7 安溪铁观音 　　　　　　图 4—8 凤凰水仙

9）祁门红茶（见图 4—9）

10）信阳毛尖（炒青绿茶）（见图 4—10）

图 4—9 祁门红茶 　　　　　　图 4—10 信阳毛尖

5. 咖啡

（1）咖啡树的品种

咖啡树属常绿灌木，普通栽培的可分为阿拉比卡种、罗布斯塔种和利比里亚种三种。

1）阿拉比卡种（Coffee Arabica）。阿拉比卡种的咖啡豆的外形是较细长的椭圆形，裂纹弯曲，味道偏酸，有高品质浓厚丰富的香味，咖啡因含量较低，为 $1\% \sim 1.7\%$。

2）罗布斯塔种（Coffee Robusta）。罗布斯塔种原产于非洲的刚果，现多栽培于印尼、爪哇岛等热带地区。罗布斯塔种能耐干旱及虫害，但咖啡豆的品质较差，大多用来制造速溶咖啡。罗布斯塔种咖啡豆的豆身较扁阔，外形近乎圆形，裂纹较直，味道浓烈，咖啡因含量较高，为 $2\% \sim 4.5\%$。

上述两种咖啡品种区别如图4—11所示。

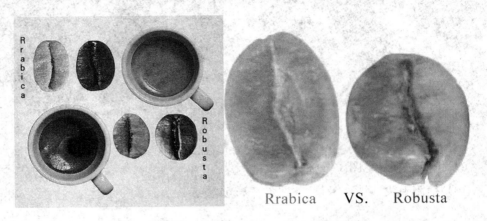

Rrabica　　VS.　　Robusta

图4—11　阿拉伯种和罗布斯塔种的咖啡豆的对比

3）利比里亚种（Coffee Liberica Bull ex Hiern）。利比里亚种的咖啡树则更高大，枝向上，根可延伸至5米。利比里亚种原产于非洲利比里亚，香味较少，品质较低，因为很容易受病虫害的威胁，所以产量很少，而且咖啡豆的口味也太酸，因此多只供研究使用。

（2）世界知名咖啡豆的品种

1）蓝山咖啡（Blue Mountain Coffee）。蓝山咖啡因种植地就叫蓝山而得名。蓝山咖啡生产量少，为阿拉伯种。最好的咖啡豆产自山腰，其次是山顶，最差的咖啡豆产自山脚。纯粹的蓝山咖啡苦、甜、酸三味十分卓越。蓝山咖啡品质完美，因此都是单品饮用。

2）摩卡咖啡（Mocha Coffee）。摩卡咖啡产于埃塞俄比亚高原，以位于红海之古阿拉伯港口命名，是颇负盛名的优质咖啡。此品种经水洗后，低酸度，豆小而香浓，拥有独特的酸味及柑橘的清香味，甘味适中，香滑如凝脂，余味似巧克力。摩卡咖啡常做单品饮用，也可用来调配混合咖啡，辅助其他咖啡的香味，风味也上佳。

3）巴西桑托斯咖啡（Brazil Santos Coffee）。巴西咖啡种类繁多，产于巴西圣保罗的山度士咖啡，酸、甘、苦三味均属中性，浓度适中，口感极顺，适度的微酸及甘苦味中带有青草香，口味高雅而特殊，是最好的调配用豆，被誉为"咖啡之中坚"。

4）哥伦比亚咖啡（Colombian Coffee）。哥伦比亚位于南美洲大陆的西北部，是世界第二大咖啡生产国。哥伦比亚咖啡产于哥伦比亚，世界知名度很高。哥伦比亚咖啡的品种多为阿拉伯种，咖啡豆酸度适中、口感润滑平和，具有鲜明的果仁风味，柔软香醇，酸中带甜、苦味中平是它的优良特性，是咖啡中的上品，常被用于制作高级混合咖啡，深为人们所喜爱。

5）印尼曼特宁咖啡（Indonesia Mandheling Coffee）。曼特宁咖啡（Mandeling）产于印尼苏门答腊西部，靠近巴东（Padang）山区，被誉为世界上质感最丰富的咖啡。曼特宁咖啡酸味适度，口味较苦，但有浓郁的醇香及炭烧味，还有阴暗浓烈的药草或野菇气息，饮后余味较长。一般为单品饮用，但曼特宁也是调配混合咖啡时不可或缺的品种。

6）夏威夷科纳咖啡（Hawaii Kona Coffee）。科纳咖啡是夏威夷咖啡中最著名品种，产于夏威夷科纳岛近太平洋低坡地带，也是美国唯一的咖啡产地。科纳咖啡味道浓香、甘醇、略带葡萄酒香，风味极特殊。

7）危地马拉安提瓜咖啡（Guatemalian Antique Coffee）。安提瓜咖啡因产于中美洲西部的危地马拉旧都安提瓜近郊而得名。危地马拉安提瓜，其色、香、酸味较重，特殊味道异于其他产地品种，为喜好浓郁咖啡者之佳选。可单品饮用及调配用，是中美洲生产的中性咖啡。

8）爪哇咖啡（Java Coffee）。爪哇咖啡产于印度尼西亚的爪哇岛。品种优良，颗粒较小，烘焙后苦味较强，香味极为清淡，但几乎没有酸味，这种具有个性化苦味的"爪哇咖啡"被广泛用于制作混合咖啡与速溶咖啡。

9）哥斯达黎加咖啡（Costa Rica Coffee）。哥斯达黎加咖啡产于中美洲南部哥斯达黎加共和国，其咖啡品质近似于哥伦比亚咖啡，适合调配综合咖啡。

（3）咖啡饮料的分类

1）单品咖啡。即冲泡咖啡时仅使用一种咖啡豆。通常，用于冲泡单品咖啡的咖啡豆品质较高，风味独特，为了避免掺杂其他咖啡豆而影响口感，才选择单品冲泡方式，如曼特宁咖啡或者蓝山咖啡。

2）综合咖啡。综合咖啡一般采用三种以上不同特性的咖啡豆进行调配混合，从而形成独具风格的另一种咖啡。该种混合咖啡产量大，品牌多，质量上乘，是世界咖啡市场的主导产品。很多咖啡店都使用自己独创的综合咖啡配方作为招牌产品。

3）花式咖啡。花式咖啡是指使用单品或者综合咖啡加上其他辅料搭配，制作出风味独特的咖啡饮料，如爱尔兰咖啡、摩卡咖啡和拿铁咖啡等。

6. 可可（见图4—12）

图4—12　可可豆

可可从起源中心大体上向两个方向传播，因而形成了薄皮种（Criollo）和厚皮种（Forastero）两个主要的栽培品种类群。目前世界生产的可可有95％以上来源于厚皮种，主要产自西非国家和巴西。可可豆的种类、产地和特点如下：

（1）克里奥罗可可（Criollo Cacao）

克里奥罗可可是可可中的佳品，香味独特，但产量稀少，相当于咖啡豆中的阿拉比卡种咖啡豆，仅占全球产量的5％；主要生长在委内瑞拉、加勒比海、马达加斯加、爪哇等地。

（2）佛拉斯特罗可可（Forastero Cacao）

佛拉斯特罗可可产量最高，约占全球产量的80％，气味辛辣，苦且酸，相当于咖啡豆中的罗布斯塔，主要用于生产普遍的大众化巧克力；西非产的可可豆就属于此种，在马来西亚、印尼、巴西等地也有大量种植。这种豆子需要剧烈的焙炒来弥补风味的不足，正是这个原因使大部分黑巧克力带有一种焦香味。

（3）特立尼达可可（Trinitario Cacao）

特立尼达可可属上述两种的杂交品种，因开发于特立尼达岛而得名，结合了前两种可可豆的优势，产量约占全球的15％，产地分布同克里奥罗可可，与克里奥罗可可一样被视为可可中的珍品，用于生产优质巧克力，因为只有这两种豆子才能提供优质巧克力的酸度、平衡度和复杂度。

非洲可可豆约占世界可可豆总产量的65％，大部分被美国以期货的形式买断，但是非洲可可豆绝大部分是佛拉斯特罗可可，只能用于生产普通大众化的巧克力，而欧洲的优质巧克力生产商会选用优质可可中最好的豆子制作巧克力。

由于专业不同，茶、咖啡和可可只做以上介绍，更详尽的知识在茶艺师或咖啡师的教程中有介绍，本书略过不提。

二、酒吧常见软饮的饮用方法

1. 水的饮用方法

（1）冰凉世界（Ice - cold world）

1）原料：法国巴黎矿泉水、青柠片。

2）装饰物：薄荷叶。

3）载杯及工具：海波杯、吸管、调酒棒。

（2）其他饮用方法

为保持矿泉水的特性，一般都在常温下或冰镇后饮用。

2. 新鲜果汁的饮用方法

（1）鲜果乐园（Paradise of fresh fruits）

1）原料：3 盎司鲜橙汁、3 盎司鲜菠萝汁、1 盎司椰汁、1 盎司草莓糖浆。

2）装饰物：草莓。

3）载杯及工具：海波杯、吸管、调酒棒。

（2）其他饮用方法

为保持果汁的口感，一般都在常温下或冰镇后饮用。

3. 碳酸饮料的饮用方法

（1）秀兰邓波（Shelly temple）

1）原料：1/2 盎司红石榴水、6～7 盎司干姜水。

2）装饰物：樱桃。

3）载杯及工具：海波杯、吸管、调酒棒。

（2）其他饮用方法

常温或者加冰饮用。

4. 茶的冲泡与服务

茶的冲泡一般分为"品、评、喝"三个步骤。根据各种茶叶的品质特点，可以采用不同的泡饮方法。

（1）绿茶泡饮法

1）上投法。使用玻璃杯冲泡，冲泡外形紧结重实的名茶，如龙井、碧螺春、都匀毛尖、蒙顶甘露、庐山云雾、福建莲蕊等。冲泡方法如下：先将茶杯洗净，冲入 85～90℃开水，然后取茶投入，不需加盖。干茶吸收水分后，逐渐展开叶片，徐徐下沉。待茶汤凉至适口，品尝茶汤滋味，小口品饮，缓慢吞咽，细细领略名茶的鲜味与茶香。饮至杯中余1/3水量时再续加开水，即二开茶，此时色、香、味最佳，茶水的浓度正好。很多名茶二开茶汤正浓，饮后余味无穷。饮至三开茶味已淡，即可换茶重泡。

2）中投法。使用玻璃杯冲泡，泡饮茶条松展的名茶，如黄山毛峰、六安瓜片、太平猴魁。冲泡方法如下：在干茶欣赏以后，取茶入杯，冲入90℃开水至杯容量的1/3时，稍停2分钟，待茶吸水伸展后再冲水至满。

3）瓷杯泡饮法。中高档绿茶用瓷质杯冲泡，能使茶叶中的有效成分浸出，可得到较浓的茶汤。冲泡方法如下：一般先观察茶叶的色、香、形后，用95～100℃初开沸水冲泡。盖上杯盖，以防香气散逸，保持水温，以利茶身开展，加速沉至杯底。待3～5分钟后开盖，嗅茶香、尝茶味。视茶汤浓淡程度，饮至三开即可。

4）茶壶泡饮法。茶壶泡饮法适于冲泡中低档绿茶。这类茶叶中，多纤维素，耐冲泡，茶味也浓。冲泡方法如下：先洗净壶具，取茶如壶。用100℃初开沸水冲泡至满，3～5分钟后即可斟入杯中品饮。此茶用壶泡不在欣赏茶趣，而在解渴，畅叙茶谊。

（2）红茶泡饮法

红茶色泽黑褐油润，香气浓郁带甜，滋味醇厚鲜甜，汤色红艳透黄。叶底嫩匀红亮。红茶的冲泡方法有清饮法和调饮法两种。

1）清饮法。清饮法就是将茶叶放在茶壶中，加沸水冲泡，然后注入茶杯中，以便品饮。红茶作为一种功夫茶，可以冲泡2～3次，不减其味，而红碎茶则不然，只能冲泡1次。

2）调饮法。调饮法就是先将茶叶放入茶壶里，加沸水冲泡，然后将茶汁倒出，添加糖、牛奶、柠檬汁、蜂蜜、香槟酒等，风味各异。这种调饮法适合于红碎茶的茶袋。这种茶的优点就在于茶汁浸入速度快，有更高的浓度，而且茶渣残留少。使用的茶壶以咖啡壶为最好。

另外，可以将红茶制成各种清凉饮料，或者添加其他辅料调制成混合饮料。

（3）乌龙茶泡饮法

乌龙茶要求用小杯细品。泡饮乌龙茶必须选用高中档乌龙茶，再配一套专门的茶具，冲泡时选用山泉水，水温以初开为宜。

乌龙茶的泡次主要有八道程序：一为白鹤沐浴；二为观音入宫；三为悬顶高冲；四为春风拂面；五为关公巡城；六为韩信点兵；七为鉴赏汤色；八为品啜甘霖。具体冲泡方法如下：

1）预热茶具。泡茶前先用沸水把茶壶、茶盘、茶杯等淋洗一遍，在泡饮过程中还要不断淋洗，使茶具保持相当的热度。

2）放入茶叶。将条叶按粗细分开，先取碎末填壶底，再盖上粗茶，把中小叶排在最上面，这样既耐泡，又使茶汤清澈。

3）洗茶。用开水冲茶，循边缘缓缓冲入，形成圈子。冲水时要使开水由高处注下，并使壶内茶叶打滚，全面而均匀地吸水。当水刚漫过茶叶时，立即倒掉，把茶叶表面尘污洗去，使茶真味得到充分体现。

4）冲泡。洗茶之后，立即冲进第二次水，水量约九成即可。盖上壶盖后，再用沸水淋壶身，这时茶盘中的积水涨到壶的中部，使其里外受热，只有这样，茶叶的精美真味才能浸泡出来。泡的时间太长，就容易将茶泡老了，影响茶的鲜味。另外，每次冲水时，只冲壶的一侧，这样依次将壶的四侧冲完，再冲壶心，四冲或五冲后换茶叶。

5）斟茶。传统方法是用拇指、食指、中指三指操作。食指轻压壶顶盖珠，中指、拇指紧夹壶后把手。开始斟茶时采用"关公巡城"，使茶汤轮流注入几只杯中，每杯先倒一半，周而复始，逐渐加至八成，使每杯茶汤气味均匀；然后用"韩信点兵"，以先斟边缘，后集中于杯子中间，并将罐底最浓部分均匀斟入各杯中，最后点点滴下。第二次斟茶，仍先用开水烫杯，以中指顶住杯底，大拇指按下杯沿，放进另一盛满开水的杯中，让其侧立，大拇指一弹动整个杯子飞转成花，十分好看。这样烫杯之后才可斟茶。冲茶应讲究"高冲低行"，即开水冲入罐时应自高处冲下，使茶叶散香；而斟茶时应低倒，以免茶汤冒泡沫失香散味。

6）品饮。首先拿着茶杯从鼻端慢慢移到嘴边，趁热闻香，再尝其味，尝至最后，把残留杯底的茶汤顺手倒入茶盘，把茶杯轻轻放下。接着，再重新烫杯，进行第二次斟茶。

总之，做功夫茶要遵循"烧杯热罐，高冲低行，淋沫盖眉，罐子来筛"的规矩。这种传统饮茶方法在广东潮汕地区及闽南非常普遍。

（4）花茶泡饮法

花茶适合用盖碗冲泡，以免散去花香味道。茶与水的比例 1：50，茶水温度以 75℃为宜，冲泡时间为 3～5 分钟，可以冲泡 2～3 次。冲泡时可使用玻璃杯，尤以特级茉莉毛峰茶更为突出。泡好后，先闻香，再品味，精神为之一振。

（5）紧压茶泡饮法

对于砖茶，得先捣碎，要放在铁锅或者铁壶中烹煮。一边煮，一边搅，以便茶汁充分溶入茶水中。另外，砖茶需要用调饮法，加入糖、蜂蜜等，味道尤佳。

（6）普洱散茶泡饮法

普洱茶色泽褐红，普洱沱茶犹如碗状。普洱茶的冲泡方法如下：将 10 克普洱茶倒入茶壶或盖碗中，冲入 500 毫升沸水。将普洱茶表层的不洁物和异物洗干净，只有这样，普洱茶的真味才能散发出来。再冲入沸水，浸泡 5 分钟，将茶汤倒入公道杯中，再将茶汤分斟入品茗杯。先闻其香，观其色，而后饮用。普洱茶也可以使用特制的瓦罐在火膛上烤，然后加盐巴进行饮用。

（7）白茶泡饮法

白茶在制作过程中省略了揉捻与烘焙两道工序。在白茶的冲泡中，要慢慢观赏茶叶在汤水中沉浮、舒张叶片的过程，这是非常精美的。例如，在冲泡白毫银针时，透过无色无花的直筒形透明玻璃杯杯壁，可全方位、多角度地欣赏到杯中茶形色以及茶叶沉浮舒张的形态神色，白毫银针外形似银针落盘，如松针铺地。白茶的冲泡方法如下：将 2 克茶置于玻璃杯中，冲入 70℃ 的开水少许，浸润 10 秒钟左右，随即用高冲法，同一方向冲入开水，静置 3 分钟后，即可饮用。只有这样，才能真正体味白茶特有的色、香、味以及一种茶汤入喉的舒畅之感。

以上传统泡饮方法工序繁多，工具复杂，对器具要求很高，很多酒吧除以上泡饮方法外，也会使用更便捷和时尚的冲饮方法，即使用精致小巧的茶壶，置于架子上，下边用蜡烛或者酒精灯保温，再提供小杯。

现在市面上有很多成品的茶饮料，如冰红茶、冰绿茶、菊花茶等，都是以茶为基础，添加各种辅料配制而成，其口味很受喜爱，这种茶饮料冰镇饮用就可以。

5.咖啡冲泡方法

（1）虹吸式冲泡法

虹吸式咖啡壶（见图 4—13）主要是利用蒸汽压力原理，加温后，沸水的蒸汽压将沸水由下面的烧杯经由玻璃管压入上层，与上面杯中的咖啡粉混合，将咖啡粉中的成分完全萃取出来，再移去火源，降温后使下层类似真空状态，经过萃取的咖啡液，经中间滤纸过滤掉渣子，再度流回下面的烧瓶。虹吸式冲泡法相对来说较为简单，制成的咖啡味道较浓，适于制作单品咖啡。

图 4—13　虹吸式咖啡壶

由于它可以依据不同咖啡豆的熟度及研磨的粗细来控制煮咖啡的时间，还可以控制咖啡的口感与色泽，因此是三种冲泡方式中最需要具备专业技巧的煮泡方式。

（2）传统滤泡法

滤泡法是原始且又简单的方法。使用的工具有咖啡壶和细嘴壶（见图 4—14），咖啡壶由一个漏斗、一个法兰绒滤网（或滤纸）和下面的一个容器组成，它对制作人的手艺要求很高，如果把握得当，就能煮出味道醇正的美味咖啡。滤泡式咖啡壶适合手感稳定、口感敏锐的品咖啡一族冲泡咖啡使用。滤泡式咖啡器具有三孔和一孔的，三孔滴漏速度较快，萃取时间短，咖啡较清淡；一孔则正好相反。

图 4—14　滤泡法使用的咖啡壶和细嘴壶

使用滤纸式冲泡咖啡时，宜选用细细研磨的咖啡粉，这样可以起到最佳的冲泡效果。另外每次都应使用新的滤纸，这样可以保证每次都饮用到清澈香醇的咖啡，并且比较卫生，也容易整理。

（3）蒸汽加压式冲泡法

蒸汽加压式冲泡法的原理是让热水经过咖啡粉后再喷至小壶中，形成咖啡液。由于这种方式所煮出来的咖啡浓度较高，因此又被称为浓缩式咖啡，就是一般大众所熟知的 Espresso 咖啡。使用这种方法的工具有意式摩卡壶和半自动咖啡机。

根据不同的咖啡饮品种类，会选择不同的冲泡方法。现在酒吧多使用半自动咖啡机（见图 4—15），这种方法具有操作简单、效率高的优点。

图 4—15　半自动咖啡机

6. 可可的饮用方法

（1）热饮

将口口加热饮用，充分发挥其浓香的特点，可以起到暖胃充饥的作用。

（2）冰饮

加冰饮用不仅清凉解暑，而且入口香甜，很受年轻人喜爱。

（3）混配

可可可以与很多饮料混合饮用，比如牛奶、咖啡等。

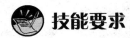 **技能要求**

基础软饮料的调配与服务

一、基础软饮料的调配

1. 秀兰邓波的调配方法

（1）操作准备

干姜水、红石榴糖水、樱桃、海波杯、冰块、吸管、调酒棒。

（2）操作步骤

1）将适量冰块加入海波杯内（见图4—16）。

2）加入红石榴糖水（见图4—17）。

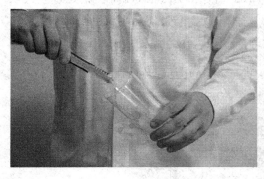 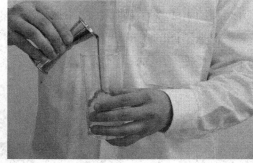

图4—16　加入冰块　　　　　　　　图4—17　加入红石榴糖水

3）加入姜汁水至八分满（见图4—18）。

4）用调酒棒轻轻搅匀（见图4—19）。

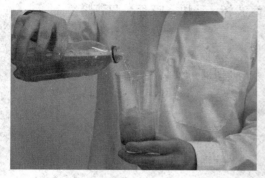

图 4—18　加入姜汁水至八分满　　　　图 4—19　用调酒棒轻轻搅匀

5）杯口装饰樱桃（见图 4—20）。

2. 鲜果乐园的调配方法

（1）操作准备

鲜橙汁、鲜菠萝汁、椰汁、草莓糖浆、草莓、海波杯、冰块、吸管、调酒棒。

（2）操作步骤

1）先将适量冰块加入到搅拌机中。

2）将准备好的果汁倒入搅拌机中。

3）开动搅拌机，充分搅和各种果汁（见图 4—21）。

图 4—20　杯口装饰樱桃　　　　图 4—21　开动搅拌机，充分搅和各种果汁

4）将搅好的饮料倒入海波杯中。

5）草莓杯口装饰并配吸管、调酒棒。

3. 矿泉水的调配方法

（1）操作准备

法国巴黎矿泉水、青柠片、薄荷叶、海波杯、冰块、吸管、调酒棒。

（2）操作步骤

1）将适量冰块加入海波杯内。

2）加入法国巴黎矿泉水至八分满。

3）用调酒棒轻轻搅匀。

4）杯口装饰薄荷叶。

二、基础软饮料的服务

1. 常规饮料的服务

（1）操作准备

1）准备空间：模拟吧台。

2）准备用品：各种软饮、托盘、口布及杯具、吸管、调酒棒等调酒用具。

（2）操作步骤

1）将干净的杯垫摆放在桌子上，店徽朝向客人。

2）从客人的右侧为客人服务酒水。

3）将饮料杯放在杯垫上后为客人倒饮料，饮料瓶口不能触到杯口边缘。

4）服务饮料的同时，告诉客人饮料的名字。

5）当客人杯中饮料剩余 1/3 时，上前为客人添加饮料或询问客人是否再续另一杯饮料。

6）当客人再次订饮料时，更换新的饮料杯。

7）空瓶及时撤走。客人杯中饮料用完时，客人示意再要饮料时，征得客人同意，马上撤下空杯。

2. 碳酸饮料的服务

（1）操作准备

1）准备空间：模拟吧台。

2）准备用品：各种软饮、托盘、口布及杯具、吸管、调酒棒等调酒用具。

（2）操作步骤

1）碳酸饮料机服务。酒吧大都安装碳酸饮料机，即可乐机，一般是将所购买饮料的浓缩糖浆瓶与二氧化碳罐安装在一起。每种饮料的浓缩糖浆瓶由管道接出后流经冰冻箱底部的冰冻板，并迅速变凉。二氧化碳通过管道在冰冻箱下的自动碳酸化器与过滤后的水混合成无杂质的充碳酸汽水，然后从碳酸化器流到冰冻板冷却，通过糖浆管和碳酸气的管流进喷头前的软管。当打开喷头时糖浆和碳酸气按 5：1

比率混合后喷出。目前市场上常见的糖浆品牌有可口可乐、雪碧、七喜、百事可乐等。

2）瓶装碳酸服务。瓶装碳酸饮料是酒吧常用的饮品，不仅便于运输、储存，而且冰镇后的口感较好，保持碳酸气的时间较长。瓶装碳酸饮料的服务方法如下：

①直接饮用碳酸饮料应当先冰镇，或者在饮用杯中加冰块。碳酸饮料只有在 4℃ 左右时才能发挥正常口味，增强口感。斟倒之前，应尽量减少摇晃饮料瓶，斟倒时应放慢速度，可分两次斟倒，以免泡沫溢出溅洒到顾客身上。

②碳酸饮料可加少量调料后饮用。大部分饮料可加入半片或一片柠檬挤汁或直接浸泡柠檬，以增加清新感，可乐中可添加少量盐以增加绵柔口感。

③碳酸饮料是混合酒不可缺少的辅料。碳酸饮料在配制混合酒时不能摇，而是在调制过程最后直接加入到饮用杯中搅拌。

④碳酸饮料在使用前要注意有效期限，不能使用过期商品。碳酸饮料保质期可长达 1 年以上，因此可在常温下避光保存或冷藏储存。

3. 果汁的服务

（1）操作准备

1）准备空间：模拟吧台。

2）准备用品：各种软饮、托盘、口布及杯具、吸管、调酒棒等调酒用具。

（2）操作步骤

1）对于含汁液较多的水果，通常利用榨汁机来挤榨果汁，常用的水果有橙子、柠檬、西瓜、菠萝等。

2）对于苹果、梨、胡萝卜等质地较坚硬的果实，以及草莓、葡萄、西红柿、柚子等，可用高速的搅拌机切碎取汁。

3）果汁保鲜一般在 2～4 天，稀释后的浓缩果汁只能保持 2 天，鲜榨的果汁可以保鲜 24 小时，隔天的鲜榨果汁不能饮用。

4）果汁必须冷藏，也可加入冰块。最佳饮用温度为 10℃，用果汁杯或高杯斟至 85%。饮用番茄汁时需加 1 片柠檬，以增加香味。

4. 矿泉水的服务

（1）操作准备

1）准备空间：模拟吧台。

2）准备用品：各种软饮、托盘、口布及杯具、吸管、调酒棒等调酒用具。

（2）操作步骤

1）服务时服务员要展示商品标签，再用餐巾裹住瓶子。

2）矿泉水应冷藏后饮用，它的最佳饮用温度是4℃左右。在这个温度下，可以感受到矿泉水的原始风味。一般不加冰块，因为冰块是用自来水做成的，若加到矿泉水里，会使品质发生变化。一般的纯净水可以以室温供顾客饮用。

3）征得顾客同意后，可放1片柠檬，斟至高杯或香槟杯中饮用。

第2节　混合酒精饮料调制

现在市面上有很多混合酒精饮料，由于其制作方法简单且口味大众，很受人们喜爱，本节会对其配方及制作方法做详细的介绍。另外，还会介绍更多关于各种基酒搭配饮料的常识，以便调酒师在工作中能灵活运用，不断创新。

 学习目标

➤ 掌握混合酒精饮料的配方知识

➤ 掌握混合酒精饮料的服务方法

➤ 能够制作10款混合酒精饮料，每款在3分钟内完成

 知识要求

一、常用混合酒精饮料的配方

混合酒精饮料是指两种或两种以上的饮料混合制作而成的含有酒精的饮料。下面列举几种最常见的混合酒精饮料：

1. 以金酒为基酒的饮料

（1）金汤力（Gin Tonic）

1）原料：1盎司金酒、6～7盎司汤力水。

2）装饰物：1片柠檬片。

3）载杯及用具：海波杯、公杯、调酒棒。

（2）金七喜（Gin 7 - up）

1）原料：1盎司金酒、6～7盎司七喜。

2）装饰物：1片柠檬片。

3）载杯及用具：海波杯、公杯、调酒棒。

（3）其他

除上述外，金酒还可以与很多饮料搭配，比如苏打水。

2. 以朗姆酒为基酒的饮料

（1）朗姆可乐（Rum Coke）

1）原料：1 盎司朗姆、6～7 盎司可乐。

2）装饰物：1 片柠檬片。

3）载杯及用具：海波杯、公杯、调酒棒。

（2）其他

除上述外，可以与朗姆酒搭配的饮料还有苏打水和椰汁等。

3. 以伏特加为基酒的饮料

（1）伏特加可乐（Vodka Coke）

1）原料：1 盎司伏特加、6～7 盎司可乐、1 片柠檬片。

2）载杯及用具：海波杯、公杯、调酒棒。

（2）伏特加水晶葡萄汁

1）原料：1 盎司伏特加、6～7 盎司水晶葡萄汁。

2）载杯及用具：海波杯、公杯、调酒棒。

（3）其他

除上述外，伏特加还可以与很多饮料搭配，比如橙汁或者可可奶。

4. 以威士忌为基酒的饮料

（1）威士忌可乐（Whisky Coke）

1）原料：1 盎司威士忌、6～7 盎司可乐。

2）载杯及用具：海波杯、公杯、调酒棒。

（2）威士忌干（Whisky Dry）

1）原料：1 盎司威士忌、6～7 盎司干姜水。

2）载杯及用具：海波杯、公杯、调酒棒。

（3）威士忌冰红茶/冰绿茶（Whisky Ice Red Tea/Ice Green Tea）

1）原料：1 盎司威士忌、6～7 盎司冰红茶/冰绿茶。

2）载杯及用具：海波杯、公杯、调酒棒。

（4）其他

除上述外，威士忌还可以与很多饮料搭配，比如纯净水/蒸馏水或者苏打水。

5. 以白兰地为基酒的饮料

（1）白兰地水（Brandy Water）

1）原料：1 盎司干邑白兰地、6～7 盎司蒸馏水/纯净水。

2）杯具：海波杯、公杯、调酒棒。

（2）白兰地干（Brandy Dry）

1）原料：1 盎司白兰地、6～7 盎司干姜水。

2）载杯及用具：海波杯、公杯、调酒棒。

（3）其他

除上述外，白兰地还可以与很多饮料搭配，比如纯净水/蒸馏水或者可乐。

6. 其他混合酒精饮料

（1）太空啤酒

原料：啤酒 640 毫升、苏打汽水 640 毫升、碎冰块适量。

调配：将碎冰块放入杯中，然后把冰过的啤酒、汽水向后倒入，调配而成。

特点：色泽淡黄、气味芳香、入口爽快，在夏天饮用可以消暑解渴，振奋精神。

（2）牛奶啤酒

原料：啤酒 50 毫升、牛奶 150 毫升、鸡蛋一个、白糖 40 克。

调配：先将啤酒和牛奶冰凉，然后再将牛奶、鸡蛋、白糖一起放入装有啤酒的杯中，充分搅拌均匀，待泛起很多泡沫的时候即可以饮用。

特点：牛奶的醇香与酒的香醇完美结合，绵甜爽口。

（3）菊花啤酒

原料：啤酒 640 毫升、菊花露 355 毫升、碎冰块适量。

调配：先将碎冰块放入杯中，然后把冰过的啤酒和菊花露倒入，调匀后即可饮用。

特点：色泽金黄、气味芳香、入口清凉，适宜女士们饮用。

（4）绿茶啤酒

原料：啤酒 80 毫升、绿茶水 50 毫升、柠檬糖浆 25 毫升、鲜柠檬汁 15 毫升。

调配：将啤酒、绿茶水、柠檬糖浆、鲜柠檬汁混合搅匀，冰凉后即可饮用。

特点：茶香淡雅、酸甜适中、清爽解渴。

（5）冰淇淋啤酒

原料：啤酒 320 毫升、巧克力冰淇淋一个、碎冰块少许。

调配：将啤酒入杯后置冰箱冰凉片刻后取出，放入碎冰块和巧克力冰淇淋，混合搅匀后即可饮用。

特点：口味新鲜、大胆、奇特。

（6）白葡萄酒加苏打（Weissgespritizt）

原料：3 盎司→白葡萄酒、3 盎司→苏打水。

调配：海波杯内加入 3～4 块冰块，斟倒三盎司白葡萄酒于杯中，并服务一根调酒棒。将苏打水斟至八分满，用调酒棒轻轻搅拌即可。

（7）红葡萄酒加苏打（Rotgespritizt）

原料：3 盎司→红葡萄酒、3 盎司→苏打水。

调配：将海波杯内加入 3～4 块冰块，斟倒三盎司红葡萄酒于杯中，并服务一根调酒棒。将苏打水斟至八分满，用调酒棒轻轻搅拌即可。

（8）红葡萄酒加可乐（Colarot）

原料：3 盎司→红葡萄酒、3 盎司→可乐。

调配：将海波杯内加入 3～4 块冰块，斟倒三盎司红葡萄酒于杯中，并服务一根调酒棒。将可乐斟至八分满，用调酒棒轻轻搅拌即可。

除此以外，常见的混合酒精饮料还有红葡萄酒加橙汁、红葡萄酒加雪碧、白葡萄酒加雪碧的喝法，比例都是各占二分之一。事实上，混合酒精饮料远不止上述这些，世界上不同国家及地区对混合酒精饮料的搭配也有各自的喜好。

二、常用混合酒精饮料的服务方法

1. 基酒

基酒是指在混合酒精饮料中使用的含有酒精的饮料，主要以烈性酒为主。

混合饮料中的基酒常规用量是 1 盎司，如果需要更烈的口感可以点"double"，意思就是 2 个盎司的基酒，辅料用量不变，如 double brandy water，其中白兰地要双份的量，需要说明的是 double brandy water 与 two brandy water 的意思是不同的，后者是指两杯白兰地水。

此外，不是所有的混合酒精饮料都必须要使用烈酒，比如用利口酒—绿薄荷酒加上苏打水制成的饮料，口感也深受大众喜爱。

2. 辅料

辅料又称调和料，是指用于冲淡、调和基酒的原料。常用的辅料主要是各类果汁、汽水以及开胃酒、利口酒等。对混合酒精饮料中的辅料用量没有严格的要求，原则上应能将加冰和基酒后的杯子注到八分满为宜。

3. 冰块

制作时应首先在杯中添加冰块，用量以3～4块为宜。如果客人喜欢自己添加，可以将冰块单独呈上并服务于冰夹。

出于口感的考虑，混合酒精饮料都是需要放冰的，如果客人有特殊要求不加冰时，则可以不放，如白兰地水或者威士忌水。

4. 装饰

常用的装饰物有红绿樱桃、橄榄、柠檬、橙、菠萝、西芹等。装饰物的颜色和口味应与鸡尾酒酒液保持和谐一致，从而使其外观色彩缤纷，给客人以赏心悦目的艺术感受。

装饰物不仅起到点缀、增色的作用，有时也会增加饮料的口感。因此在装饰时一定要遵循一定的原则，如用金酒、朗姆酒和伏特加做基酒的混合饮料使用柠檬做装饰，感官和口感上会非常和谐；威士忌、白兰地类混合饮料一般不加柠檬。

5. 载杯及用具

（1）载杯

通常混合饮料会使用海波杯或古典杯，具体要看混合饮料的出品量而定。

（2）公杯

在高档饭店中，必须将辅料单独服务给客人，因此需要将辅料盛放于公杯中。

（3）调酒棒

为客人斟倒辅料时只斟倒至二分之一杯，避免过度稀释主酒，影响口感，同时客人也可以根据自己的喜好自行添加，所以必须提供调酒棒，用以充分混合饮料。

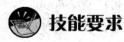

技能要求

制作10款混合酒精饮料（每款制作时间不超过3分钟）

一、金汤力（Gin Tonic）

1. 操作准备

金酒、汤力水、柠檬片、海波杯、公杯、调酒棒、冰块。

2. 操作步骤

（1）海波杯内加入3～4块冰块（见图4—22）。

（2）用柠檬片擦拭杯口后放入杯中（见图4—23）。

图 4—22　海波杯内加入 3～4 块冰块　　　　图 4—23　用柠檬片擦拭杯口后放入杯中

（3）斟倒一盎司金酒入杯中（见图 4—24），并服务一根调酒棒。

（4）将汤力水斟满公杯（见图 4—25）。

图 4—24　斟倒一盎司金酒入杯中　　　　　　图 4—25　将汤力水斟满公杯

（5）为客人服务时将汤力水斟至二分之一杯，用调酒棒轻轻搅拌即可（见图 4—26）。

图 4—26　斟酒至二分之一满

二、金七喜（Gin 7 - up）

1. 操作准备

金酒、七喜（7 - up）、柠檬片、海波杯、公杯、调酒棒、冰块。

2. 操作步骤

（1）海波杯内加入 3～4 块冰块。

（2）用柠檬片擦拭杯口后放入杯中。

（3）斟倒一盎司金酒入杯中，并服务一根调酒棒。

（4）将七喜斟满公杯。

（5）为客人服务时将七喜斟至二分之一杯，用调酒棒轻轻搅拌即可。

三、朗姆可乐（Rum Coke）

1. 操作准备

朗姆酒、可乐、柠檬片、海波杯、公杯、调酒棒、冰块。

2. 操作步骤

（1）海波杯内加入 3～4 块冰块。

（2）用柠檬片擦拭杯口后放入杯中。

（3）斟倒一盎司朗姆酒入杯中，并服务一根调酒棒。

（4）将可乐斟满公杯。

（5）为客人服务时将可乐斟至二分之一杯，用调酒棒轻轻搅拌即可。

四、伏特加可乐（Vodka Coke）

1. 操作准备

伏特加、可乐、柠檬片、海波杯、公杯、调酒棒、冰块。

2. 操作步骤

（1）海波杯内加入 3～4 块冰块。

（2）用柠檬片擦拭杯口后放入杯中。

（3）斟倒一盎司伏特加入杯中，并服务一根调酒棒。

（4）将可乐斟满公杯。

（5）为客人服务时将可乐斟至二分之一杯，用调酒棒轻轻搅拌即可。

五、伏特加水晶葡萄

1. 操作准备

伏特加、水晶葡萄、海波杯、公杯、调酒棒、冰块。

2. 操作步骤

（1）海波杯内加入 3～4 块冰块。

（2）斟倒一盎司伏特加入杯中，并服务一根调酒棒。

（3）将水晶葡萄斟满公杯。

（4）为客人服务时将水晶葡萄斟至二分之一杯，用调酒棒轻轻搅拌即可。

六、威士忌可乐（Whisky Coke）

1. 操作准备

威士忌、可乐、海波杯、公杯、调酒棒、冰块。

2. 操作步骤

（1）将海波杯内加入 3～4 块冰块。

（2）斟倒一盎司威士忌入杯中，并服务一根调酒棒。

（3）将可乐斟满公杯。

（4）为客人服务时将可乐斟至二分之一杯，用调酒棒轻轻搅拌即可。

七、威士忌干（Whisky Dry）

1. 操作准备

威士忌、干姜水、海波杯、公杯、调酒棒、冰块。

2. 操作步骤

（1）海波杯内加入 3～4 块冰块。

（2）斟倒一盎司威士忌入杯中，并服务一根调酒棒。

（3）将干姜水斟满公杯。

（4）为客人服务时将干姜水斟至二分之一杯，用调酒棒轻轻搅拌即可。

八、威士忌冰红茶/冰绿茶（Whisky Ice Red Tea/Ice Green Tea）

1. 操作准备

威士忌、冰红茶/冰绿茶、海波杯、公杯、调酒棒、冰块。

2. 操作步骤

（1）海波杯内加入 3～4 块冰块。

（2）斟倒一盎司威士忌入杯中，并服务一根调酒棒。

（3）将冰红茶/冰绿茶斟满公杯。

（4）为客人服务时将冰红茶/冰绿茶斟至二分之一杯，用调酒棒轻轻搅拌即可。

九、白兰地水（Brandy Water）

1. 操作准备

干邑白兰地、蒸馏水或纯净水、海波杯、公杯、调酒棒、冰块。

2. 操作步骤

（1）海波杯内加入 3～4 块冰块。

（2）斟倒一盎司白兰地入杯中，并服务一根调酒棒。

（3）将蒸馏水（纯净水）斟满公杯。

（4）为客人服务时将蒸馏水（纯净水）斟至二分之一杯，用调酒棒轻轻搅拌即可。

十、白兰地干（Brandy Dry）

1. 操作准备

白兰地、干姜水、海波杯、公杯、调酒棒、冰块。

2. 操作步骤

（1）海波杯内加入 3～4 块冰块。

（2）斟倒一盎司白兰地入杯中，并服务一根调酒棒。

（3）将干姜水斟满公杯。

（4）为客人服务时将干姜水斟至二分之一杯，用调酒棒轻轻搅拌即可。

【思考与练习】

1. 软饮料都包含哪些种类？

2. 世界三大饮料分别是什么？

3. 酒吧常用碳酸饮料有哪些？

4. 酒吧常用果汁饮料有哪些？

5. 茶有哪些分类？

6. 试着写出中国十大名茶。

7. 阿拉比卡咖啡豆与罗布斯塔咖啡豆有哪些区别？

8. 如何制作秀兰邓波饮料？

9. 如何制作金汤力饮料？

10. 金汤力的服务步骤有哪些？